4판

한눈에 보이는
실험조리

EXPERIMENTAL COOKERY

4판

한눈에 보이는
실험조리

오세인 · 우인애 · 이병순 · 김동희
손정우 · 송태희 · 백재은 지음

교문사

조리과정 중 식품의 여러 가지 구성성분들은
물리적·화학적인 변화를 일으킵니다.

이러한 조리과정 중 나타나는 현상을 알고 조리과학적 특성을 향상시켜 음식을 먹기 좋게 만들 뿐만 아니라 조리과정 중 일어나기 쉬운 실패와 그 원인 등을 파악하는 것은 중요합니다. 따라서 조리 시 일어날 수 있는 식품의 성분이나 물성의 변화를 실제 실험을 통해 결과를 도출하고, 그 결과를 이론적인 근거와 함께 객관적으로 검토해 봄으로써 식품성분 상호 간의 변화원인과 메커니즘에 관한 조리원리를 알 수 있도록 저자들은 그동안 대학에서 조리원리와 실험조리에 대한 강의와 실습, 실험했던 내용 중에 원리 파악을 위해 필요한 이론과 실험내용을 정리하였습니다.

책의 내용을 살펴보면 먼저 학습목적과 학습목표를 제시하여 주요 습득사항을 파악하고 이를 중심으로 학습내용을 공부함으로써 기본적인 이론을 습득할 수 있도록 하였습니다. 또한 복잡한 실험과정을 최대한 단순화시켜 음식의 재료와 분량 그리고 조리방법을 달리한 실험계획을 세우고 명확한 실험결과를 도출하도록 하여 조리에 수반되는 과학적 이론을 확인하는 데 중점을 두었으며 이를 검증함으로써 최적의 조리조건을 찾아낼 수 있도록 하였습니다. 또한 조리방법 중 바람직하지 못한 방법이 있다면 그 원인을 찾아내고 과학적으로 검증된 조리원리를 적용시켜 식품에 따른 조리 특성을 음식에 이용될 수 있도록 하였습니다.

이 책은 총 14장으로, 단원별 목차는 영양사 국가시험 출제 영역 순서에 맞추어 구성하였으며 각 단원의 실습 분량을 3시간 정도의 실습에 적정하도록 조정하였습니다. 또한 각각의 실험 절차와 중요사항을 그림으로 표현함으로써 한눈에 실험과정을 알 수 있도록 하였습니다.

아무쪼록 《한눈에 보이는 실험조리》를 통해 식품영양학, 조리 관련 전공학생은 물론 조리사, 영양사가 조리를 과학적으로 이해하고 실천할 수 있는 연구 자세를 배워 조리과학에 흥미를 갖기를 바랍니다.

앞으로 미비한 점은 계속 보완해 나갈 것을 약속드리며, 아울러 이 책이 출판될 수 있도록 도와주신 (주)교문사의 류원식 대표님과 항상 밝은 모습으로 함께 해주신 정용섭 부장님, 진경민 과장님께 감사드리며 열과 성을 다해 주신 성혜진 과장님을 비롯한 편집부 직원 여러분에게 깊이 감사드립니다. 또한 아낌없는 조언을 해주신 박지형 교수님께도 감사드립니다.

2021년 7월
저자일동

14
한천과
젤라틴

실험조리의 기초

1—
실험조리의
기초

학습목적

계량방법, 물과 열의 성질을 이해함으로써 효율적으로 조리에 활용한다.

학습목표

1 실험 시 주의사항, 실험보고서 작성법 등 실험의 기본사항을 이해할 수 있다.

2 조리 시 물의 역할 및 성질에 대해 이해할 수 있다.

3 대류, 복사, 전도 등 열 전달방법에 대해 이해할 수 있다.

4 계량단위 및 계량기구와 이를 이용한 식품의 계량방법에 대해 이해할 수 있다.

5 목측량과 폐기율 측정을 통한 조리 시 사용되는 실제 재료량에 대해 이해할 수 있다.

1. 실험조리의 이해

1) 실험 시 주의사항

- 실험의 목적과 내용을 충분히 이해하고 실험에 임한다.
- 반드시 실험복을 입고, 실험에 방해가 되지 않도록 긴 머리는 묶고 단정한 복장을 한다.
- 실습실에서 사용하는 기구들은 주의해 취급하고 사용하고 난 후에는 정리, 정돈을 하여 실습대를 항상 깨끗하게 사용한다.
- 실험과정을 정확하고 상세히 기록해 실험결과를 얻어내야 하고, 고찰은 참고문헌을 중심으로 실험결과와 비교 검토한다.
- 실습 후 재료, 기자재와 기구 정리, 쓰레기 처리 등을 완벽하게 하고 뒷정리를 끝낸다.
- 실습실 안에서는 잡담이나 장난 등 실습과 관계없는 행동은 하지 않는다.

2) 실험보고서 작성법

(1) 실험일시, 제목
실험을 한 날짜와 실험제목을 작성한다.

(2) 실험재료, 기구 및 기기
실험에 사용했던 재료와 기구 또는 기기를 작성한다.

(3) 실험목적
실험을 하는 이유 또는 알고자 하는 내용을 구체적으로 작성한다.

(4) 실험방법
실험과정을 진행 순서대로 작성한다.

(5) 실험결과
실험과정에서 얻어지는 결과를 반드시 기록한다. 계산식 등 그 결과가 나오게 된 과정을 상세히 쓰고 경우에 따라서는 그림이나 표로 작성한다.

(6) 결론 및 고찰
실험과 관련된 선행 연구에 관한 문헌을 충분히 조사해 실험목적과 관련지어 결과를 해석하고 실험에 관한 의문점이나 문제점을 기술한다.

(7) 참고문헌
- 단행본인 경우 저자, 연도, 책제목, 출판사, 인용 쪽수 순으로 작성한다.
- 웹페이지인 경우 저자, 제목, 웹페이지 상세주소, 접속 연월일의 순으로 작성한다.
- 학회지인 경우 저자, 연도, 논문 제목, 학회지명 권(호) : 시작 쪽수-끝 쪽수의 순으로 작성한다.

송태희 외, 2020, 3판 이해하기 쉬운 조리과학, 교문사, 246-247

농촌진흥청 국립농업과학원, 국가표준식품성분표, http://koreanfood.rda.go.kr/kfi/fct/fctFoodSrch/list, 2021.1.9

오세인 외, 2019, 전라북도 순창지역 노인의 건강 및 영양섭취 실태, 한국식품영양학회지, 32(3), 189-201

표 1-1 실험보고서 양식

실험일시	
실험제목	
실험재료	
기구 및 기기	
실험목적	
실험방법	
실험결과	
결론 및 고찰	
참고문헌	

2. 조리와 물

1) 물과 열

물과 열은 조리에 반드시 필요한 요소이다. 물은 조리과정에서 재료를 씻거나 가열할 때 식품을 구성하고 있는 성분의 물리적·화학적 변화를 일으켜 조리 후 식품의 품질에 영향을 준다.

(1) 물의 역할

- 차나 커피, 국 국물 등에 사용된다.
- 식품에 맛을 내게 하는 조미료의 운반 역할을 한다.
- 건조된 것을 원상태로 복원시키는 역할을 한다.
- 식품의 수용성 성분을 용출시킨다.
- 가열조건을 일정하게 유지시킨다.
- 전분의 호화와 같은 물리적 변화를 돕는다.
- 열을 전달한다.

(2) 열의 역할

- 견고한 조직이나 소화하기 어려운 식품을 소화·흡수되기 쉬운 형태로 변화시킨다.
- 미생물 등 병원체를 죽인다.
- 음식 맛을 더 좋게 한다.
- 가열로 인한 화학반응으로 향기를 높여 식욕을 촉진시킨다.

2) 물의 성질

(1) 끓는점과 어는점

끓는점은 비점^{沸點}이라고도 하며, 액체가 일정한 압력, 온도에서 끓기 시작하는 지점을 말한다. 순수한 물은 1기압^{760mmHg}일 때 100℃에서 끓지만 물속에 설탕이나 소금 등 다른 물질이 녹아 있을 때에는 그 농도가 높아질수록 끓는점이 올라가서 더 높은 온도에서 끓여야 한다.

어는점은 빙점^{氷點}이라고도 하며, 액체 상태가 고체로 상태 변화가 일어나는 온도를 말한다. 순수한 물은 0℃에서 얼게 되지만 물속에 다른 물질이 녹아 있을 때에는 그 농도가 높아질수록 어는점이 내려가 설탕 함량이 많은 후식류 등은 더 오래 얼려야 한다.

(2) 삼투와 침투

용매는 자유롭게 투과시키지만 용질은 투과시키지 않는 성질의 막을 반투과성 막이라 한다. 삼투는 이러한 반투과성 막을 사이에 두고 농도가 서로 다른 용액을 넣어두었을 때 묽은 용액의 용매가 진한 농도의 용액 쪽으로 이동하는 현상을 말하고, 이때 삼투현상에 의해 나타나는 압력을 삼투압이라고 한다. 예를 들어 김치를 담글 때 배추에 소금을 뿌리면 물이 생기는데 이것은 삼투압에 의해 탈수가 일어났기 때문이다.

조리 시 조미료의 침투 속도는 분자량의 크기에 따라 달라지는데 소금^{NaCl, 분자량 :} ^{58.45}과 설탕^{C_{12}H_{22}O_{11}, 분자량 : 342.30}을 거의 동시에 넣으면 식품에 먼저 소금이 들어가고 설

표 1-2 기압에 따른 끓는점의 변화

기압(atm)	끓는점(℃)	기압(mmHg)	끓는점(℃)
1.000	100	300	75.0
1.414	110	400	88.9
1.960	120	500	88.7
2.666	130	600	93.5
3.567	140	700	97.5
4.698	150	760	100.0

탕은 경우에 따라서 거의 들어가지 않게 된다. 따라서 조미를 할 때 설탕을 먼저 넣어 식품 내부까지 충분히 침투시킨 후 소금을 넣는 것이 좋다.

(3) 경수와 연수

경수는 칼슘 이온이나 마그네슘 이온 등을 비교적 많이 함유하고 있는 물을 말하며, 연수는 염류를 비교적 적게 혹은 전혀 함유하지 않은 물을 말한다.

경수는 단백질과 결합해 단백질을 변성시키기 때문에 특히 콩이나 육류 등과 같이 단백질을 많이 함유한 식품의 조리에는 적합하지 않으며, 차나 국 국물의 용출에도 좋지 않다.

경수는 탄산수소 이온을 함유하고 있어 끓이면 연수가 되는 일시적 경수와 황산 이온이 들어 있어 끓여도 연수가 되지 않는 영구적 경수로 나눌 수 있는데, 영구적 경수도 약품처리나 이온교환수지에 의해 연수로 만들 수 있다.

경도hardness는 보통 물 100mL 속에 산화칼슘이 1mg 포함되어 있는 것을 경도 1도로 정하는데, 경도 20도 이상의 것이 경수이고 경도 10도 이하의 것이 연수이다.

(4) 물맛

물은 온도가 12.9~69.0℃ 사이로 미량의 탄산가스와 적당량의 무기질을 함유하고 있으며, 약간의 탄산염이 함유되어 산성을 띠는 것이 맛있다. 컵에 오래 담아둔 물의 맛이 나쁜 것은 탄산가스가 날아가고 pH가 높아졌기 때문이다.

살균용 염소가 함유되어 있는 수돗물은 염소 냄새가 조리에 영향을 줄 뿐만 아니라 홍차나 커피를 끓일 때 용출을 방해하므로 조리에 사용할 때에는 충분히 끓이는 것이 좋다.

(5) 팽윤과 용출

팽윤은 쌀, 콩과 같은 곡물이나 표고버섯, 다시마와 같이 건조된 것을 물에 넣으면 물을 흡수하여 몇 배로 불게 되는 현상을 말한다.

용출은 재료 중의 성분이 용매 속에 녹아 나오는 현상으로, 용출되어 나오는 물질

의 농도가 낮을수록 용출이 빠르므로 쓴맛이나 떫은맛을 빼낼 경우에는 물을 자주
갈아주는 것이 좋다.

3. 열의 전달

1) 대류

액체나 기체는 온도에 따라 용량과 밀도가 달라지는데 온도가 높아지면 용량이 커지
고 밀도는 작아져서 위로 올라가고, 온도가 낮아지면 용량이 작아지고 밀도가 커져서
아래로 내려오게 된다. 이와 같이 가열된 액체나 기체가 상하로 이동하면서 열이 전해
지는 것을 대류convection라고 한다.

2) 복사

열을 전달해주는 물질 없이 열이 직접 식품에 전달되는 현상을 복사radiation라고 한다.
전기, 가스레인지, 숯불, 연탄불, 토스터기로 직접 구울 때 복사에 의한 에너지 전달은
열 급원으로부터 식품에 직접 전달되므로 속도가 빠르다.

| 대류 | 복사 | 전도 |

그림 **1-1** 열의 전달방법

조리기구의 재질은 복사열 흡수에 영향을 주는데 표면이 검은색이거나 거친 것일수록 복사열의 흡수가 크다. 오븐의 경우 열 전달량의 2/3~3/4은 복사에 의한 것이다.

3) 전도

물체를 따라 열이 높은 온도에서 낮은 온도로 이동하는 것을 전도^{conduction}라고 하며, 열전도율은 열이 전해지는 속도를 말한다. 조리기구 중 은, 구리, 알루미늄, 철 등 금속 재질이 유리나 도자기보다 열전도율이 커서 빨리 데워지지만 식는 속도 또한 빠르다.

표 **1-3** 물질의 열전도율 상대비교

물질	열전도율	물질	열전도율
은	0.99	유리	0.002
구리	0.92	물	0.0014
알루미늄	0.49	나무	0.0002
놋쇠	0.26	알코올	0.0005
철	0.17	공기	0.000057

4) 열효율

열효율은 연료가 가지는 열량과 직접 가열에 쓰이는 열량의 비를 말하는데, 0℃의 물을 100℃로 올리는 데에 연료의 열이 100% 이용되었을 때의 열효율을 100이라고 한다. 그러나 실제로 연료가 탈 때 내는 열량은 그 속에 함유되어 있는 열량의 100%를 내는 것이 아니다. 그러므로 연료 중에 함유되어 있는 열량과 가열에 쓰이는 열량 사이에는 커다란 차이가 생긴다. 따라서 열효율은 연료의 종류에 따라 다르고, 가열기구나 가열방법 등에 따라 큰 차이가 있다.

표 1-4 열원에 따른 열효율

종류	열효율(%)	종류	열효율(%)
전력(전기솥)	50~65	연탄	30~40
가스	40~45	장작	25~45
석탄	30~40	왕겨	20

4. 계량

1) 계량단위 및 계량기구

합리적인 조리를 하기 위해서 중량을 재거나 용량을 측정해 식품을 계량한다. 계량컵과 계량스푼, 비커, 메스실린더와 피펫은 액체, 가루 등의 용량을 측정하는 기구이다.
한국 음식에 사용되는 계량스푼과 계량컵의 계량 단위는 다음과 같다.

- 1작은 술(ts, tea spoon) : 5mL
- 1큰술(1Ts, Table spoon) : 15mL로 3작은술
- 1Cup : 200mL로 13 1/3Ts

액체의 용량을 측정할 때는 액체 표면의 아랫부분 meniscus을 눈과 같은 높이로 맞추어 읽어야 한다. 중량을 측정할 때는 저울을 사용하며, 저울을 사용할 때는 사용하기 전에 반드시 0을 맞추어야 한다.
정확한 중량을 측정하기 위해서는 전자저울을 사용하나 편의상 용량으로 환산해 계산할 수 있다. 특히 정확한 계량을 하기 위해서는 적합한 계량기구를 사용해야 하며 올바른 사용 기술이 필요하다.

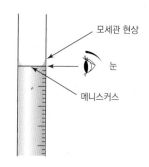

모세관 현상
눈
메니스커스

그림 1-2 용량 측정용 기구 읽는 법

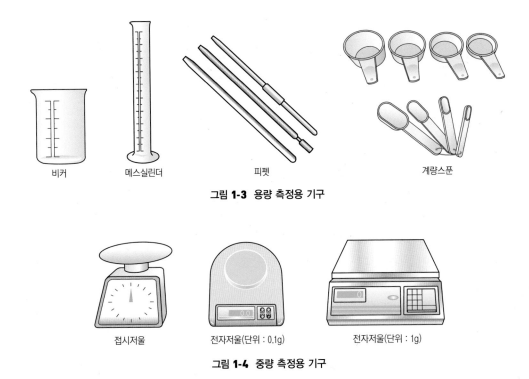

비커   메스실린더   피펫   계량스푼

그림 1-3 용량 측정용 기구

접시저울   전자저울(단위 : 0.1g)   전자저울(단위 : 1g)

그림 1-4 중량 측정용 기구

2) 온도

조리를 할 때는 온도계를 사용한 정확한 온도 측정이 중요하다. 육류의 내부 온도를 측정하기 위해서는 탐침 온도계를 사용하여 측정한다.

탐침 온도계   디지털 온도계   비접촉식 온도계

그림 1-5 온도계의 종류

3) 시간

시간의 계측은 작업 능률을 높이고, 에너지 절약을 위해 중요하다. 일반적인 조리기구에 타이머가 내장되어 있는 것도 있으며, 타이머를 따로 사용하기도 한다.

4) 당도, 염도, 산도

계량 이외에 실험조리를 위해서는 맛을 측정하여야 한다. 단맛을 측정하기 위해서는 당도계를, 짠맛을 측정하기 위해서는 염도계를, 신맛의 측정하기 위해서는 pH 미터, pH 페이퍼를 사용한다.

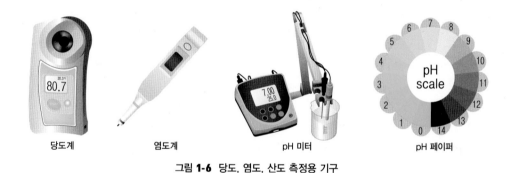

당도계   염도계   pH 미터   pH 페이퍼

그림 **1-6** 당도, 염도, 산도 측정용 기구

5) 주요 식품의 계량방법

(1) 고체

① 밀가루

밀가루는 입자가 미세하고 균일하지 않아 저장하는 동안 눌려 용량이 줄어든다. 따라서 밀가루는 계량하기 전에 체에 친 후 계량컵에 수북이 담고 직선으로 된 칼등이나

그림 **1-7** 밀가루 계량법

스패튤러spatula로 수평으로 깎아서 계량한다. 단, 퀵 브레드quick bread, 이스트빵용 밀가루나 전밀가루whole flour 등은 체에 치지 않고 잘 휘저어 가볍게 한 후 계량한다.

밀가루는 용량으로 재는 것보다는 중량으로 재는 것이 더 정확하다.

② 설탕

백설탕은 덩어리 등이 없도록 휘저은 다음 계량한다.

흑설탕은 설탕 표면에 시럽 피막이 있어 설탕 입자끼리 서로 밀착시키려는 경향이 있으므로 계량한 후 엎었을 때 계량컵의 모형이 나타나도록 꾹꾹 눌러 담은 다음 수평으로 깎아서 계량한다.

그림 **1-8** 흑설탕 계량법

③ 지방

저울로 중량을 측정하는 것이 정확하나 용량으로 측정할 때는 실온에 놓아 둔 다음에 계량기구에 꼭꼭 눌러 수평으로 깎아서 계량한다.

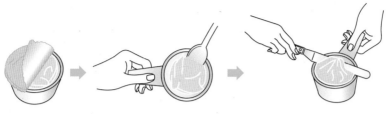

그림 **1-9** 고체 지방 계량법

④ 빵 또는 떡

빵이나 떡 등의 고체 식품의 부피를 측정하는 방법을 종자치환법 또는 종실법이라고 한다. 비커 등에 종실을 담아 부피를 측정한 후 다른 비커에 측정하고자 하는 고체 식품을 넣은 후 부피를 측정한 종실을 넣고 남은 종실의 부피로 빵이나 떡의 부피를 측정하는 방법이다.

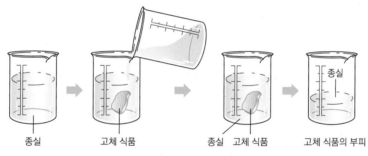

종실   고체 식품   종실   고체 식품   고체 식품의 부피

그림 **1-10** 종자치환법(종실법)

⑤ 기타

• 베이킹파우더, 식소다베이킹소다, 중탄산나트륨, 중조 , 소금, 향료 등 대체로 적은 양을 측정할 때는 덩어리 등이 있지 않도록 잘 저어서 수북이 담은 후 수평으로 깎아서 계량한다.

• 견과류, 채소나 과일 등을 다진 것, 건포도, 치즈 간 것은 누르지 말고 가볍게 담아 측정한다.

• 쌀, 팥 등 입자 형태의 식품은 컵에 가득 담아 살짝 흔들어 윗면이 수평이 되도록 한 후 깎아 잰다.

(2) 액체

유리와 같은 투명한 기구를 사용해 액체 표면의 아랫부분^{메니스커스}을 눈과 수평으로 맞춘 후 읽는다. 꿀이나 기름과 같은 점성이 높은 것은 조리용 그릇에 옮길 때 부드러운 고무주걱으로 잘 긁어 옮긴다.

(3) 달걀

일반적으로 달걀은 중란을 기준으로 개수로 나타낸다. 그러나 경우에 따라 계량컵이나 계량스푼 단위로 표시되어 있을 경우 달걀을 깨뜨려 난백과 난황을 잘 섞은 후 계량한다. 중간 크기의 달걀 반 개는 약 2Ts 정도가 된다.

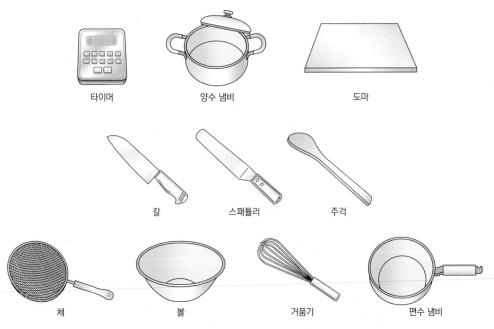

타이머   양수 냄비   도마

칼   스패튤러   주걱

체   볼   거품기   편수 냄비

그림 **1-11** 실험에 필요한 기본적인 기구

한눈에 보이는 실험조리

6) 폐기율

폐기는 식품을 조리하는 과정에서 먹을 수 없는 부분이 제거되는 것이다. 폐기율은 식품 전체의 중량에 대하여 폐기되는 부분의 중량을 백분율로 나타내는 것이다.

$$\text{폐기율(\%)} = \frac{\text{폐기되는 식품의 중량(g)}}{\text{식품 전체의 중량(g)}} \times 100$$

또는

$$\text{폐기율(\%)} = \frac{\text{식품 전체의 중량(g)} - \text{가식부 중량(g)}}{\text{식품 전체의 중량(g)}} \times 100$$

계량기구를 사용한 중량과 용량 측정

실험재료	토마토주스	90mL(30mL × 3)		
	증류수	90mL(30mL × 3)		
	우유	90mL(30mL × 3)		
기구 및 기기	전자저울(최소 단위 0.1g 이하)		비커(50mL)	
	공기, 대접, 국자, 유리컵		계량스푼(1Ts, 1ts)	
	메스실린더(50mL, 100mL, 250mL, 500mL, 1L)		계량컵(1C, 1/2C, 1/4C)	
	식탁용 스푼, 티스푼		깔때기	

1. 실험목적

계량에 사용할 수 있는 여러 용기들의 용량 측정치를 표준 계량 용기의 표준치와 비교하고, 중량과
용량의 상호 관계를 알아본다.

2. 실험방법

1) 용량 측정의 정확성

① 계량에 사용할 수 있는 용기들에 물을 채운다.
② 적정 용량의 메스실린더에 깔때기를 놓고 용기의 물을 조심스럽게 붓는다.
③ 메스실린더의 눈금을 읽는다.
④ 3회 반복하고 평균값을 계산한다.

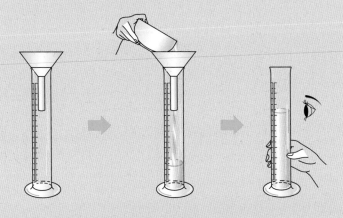

2) 중량과 용량의 관계

① 전자저울의 영점을 맞춘다.

② 전자저울에 비커를 올려놓고 중량을 측정한다.

③ ②의 비커에 시료 30mL를 조심스럽게 담는다.

④ 전자저울에 올려놓고 중량을 측정한다.

⑤ 3회 반복하여 평균값을 구한다.

⑥ 각 측정치에 대한 비중을 계산한다.

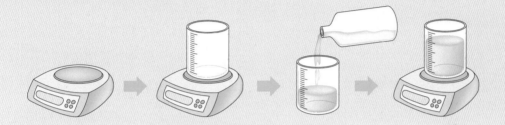

3. 실험결과

🧪 용량 측정의 정확성(스푼류)

항목	측정치	스푼류 용량(mL)			
		1회	2회	3회	평균
계량용기	1Ts				
	1ts				
일반용기	식탁용 스푼				
	티스푼				

🧪 용량 측정의 정확성(용기류)

항목	측정치	용기류 용량(mL)			
		1회	2회	3회	평균
계량용기	1C				
	1/2C				
	1/4C				
일반용기	대접				
	공기				
	국자				
	유리컵				

🧪 중량과 용량의 관계

시료	용량(mL)	중량(g)				비중(g/mL)			
		1회	2회	3회	평균	1회	2회	3회	평균
증류수	30								
토마토주스	30								
우유	30								

4. 결론 및 고찰

- 표준 계량 용기의 표준치와 측정치를 비교한다.
- 액체 시료 읽는 법에 대하여 알아본다.
- 표준 용기를 대신할 수 있는 대용 용기를 찾아본다.
- 비중을 통해 중량과 용량의 관계를 설명한다.

 참고문헌

액체와 고체 식품 계량

실험재료	물엿	180g(60g × 3)	밀가루	600g(200g × 3)
	식용유	120g(40g × 3)	흑설탕	720g(240g × 3)
	우유	120g(40g × 3)	백설탕	450g(150g × 3)
기구 및 기기	전자저울(측정 범위 0.1g~300g)		체	
	계량컵(1/4C, 1C)		스푼	
	스패튤러			

1. 실험목적

식품의 종류에 따른 올바른 계량방법을 알아보고 식품의 정확한 계량법을 익힌다.

2. 실험방법

1) 액체 식품

① 1/4C의 계량컵을 전자저울에 올려놓고 영점을 맞춘다.
② 각각 계량컵에 물엿, 식용유, 우유를 넣고 중량을 3회 반복해 측정한다.

2) 고체 식품

① 밀가루와 흑설탕을 다음과 같이 처리한 후 3회 반복해 측정한다.

    A : 체에 치지 않은 밀가루를 1C 계량컵에 수북이 담고 스패튤러로 깎아 중량을 측정한다.
    B : 체에 친 밀가루를 1C 계량컵에 수북이 담고 스패튤러로 깎아 중량을 측정한다.
    C : 흑설탕을 1C 계량컵에 꾹꾹 눌러서 수북이 담고 스패튤러로 깎아 중량을 측정한다.
    D : 흑설탕을 1C 계량컵에 누르지 않고 수북이 담고 스패튤러로 깎아 중량을 측정한다.

② 백설탕을 잘 저은 다음 1C 계량컵에 담고 스패튤러로 깎아 중량을 3회 반복해 측정한다.

3. 실험결과

🧪 액체 식품(1/4C)

시료 \ 측정결과	중량(g)			
	1회	2회	3회	평균
물엿				
식용유				
우유				

🧪 고체 식품(1C)

시료	측정결과	중량(g)			
		1회	2회	3회	평균
밀가루	A 체 치지 않은 것				
	B 체 친 것				
흑설탕	C 눌러 담은 것				
	D 누르지 않은 것				
	백설탕				

4. 결론 및 고찰

- 식품의 종류에 따른 올바른 계량법을 알아본다.
- 밀가루와 흑설탕의 측정방법 차이에 따른 중량의 변화 요인에 대해 알아본다.

📖 참고문헌

한눈에 보이는 실험조리

실험 3

목측량과 중량

실험재료	사과	1개	달걀	1개
	바나나	1개	새우(중)	1마리
	감자	1개	오징어	1마리
	양파	1개		

기구 및 기기   전자저울(최소 단위 0.1g 이하)

1. 실험목적

식품의 목측량과 실제 중량 간의 차이를 알아본다.

2. 실험방법

① 조원들은 각 재료들의 목측량을 추정해 각각 기재한다.
② 전자저울을 이용해 각 재료들의 정확한 중량을 측정한다.
③ 조원 간의 목측량과 측정값의 차이를 비교한다.

3. 실험결과

시료	목측량(g)				측정값 (%)	목측량과 측정값의 차이(%)			
	조원 1	조원 2	조원 3	조원 4		조원 1	조원 2	조원 3	조원 4
사과									
바나나									
감자									
양파									
달걀									
새우									
오징어									

4. 결론 및 고찰

- 조원 간의 목측량과 실제 측정값 간의 차이를 알아본다.
- 식품의 목측량에 대한 자료를 조사해 본인의 결과와 비교해 본다.

 참고문헌

폐기율 측정

실험재료	사과	3개(1개 × 3)	달걀	3개(1개 × 3)
	바나나	3개(1개 × 3)	새우(중)	3마리(1마리 × 3)
	감자	3개(1개 × 3)	오징어	3마리(1마리 × 3)
	양파	3개(1개 × 3)		
기구 및 기기	전자저울(최소 단위 0.1g 이하)		칼	
	도마		키친타월	

1. 실험목적

여러 가지 식품의 조리 준비단계에서 폐기되는 양을 측정해 조리 시 실제 사용되는 가식 부분의 양에 대해 알아본다.

2. 실험방법

① 과일과 채소 등은 그대로 씻어 물기를 닦고 중량을 잰 다음 껍질 또는 뿌리 등을 제거하여 가식부나 폐기된 부분의 중량을 측정한다.

② 달걀은 중량을 잰 다음 깨뜨려 달걀 껍데기의 중량을 측정한다.

③ 새우는 물기를 닦고 중량을 잰 다음 머리와 꼬리를 남긴 채 껍질을 벗기고 내장을 제거한 후 중량을 측정한다.

④ 오징어는 물기를 닦고 중량을 잰 다음 내장과 껍질 등을 떼어내고 중량을 측정한다.

⑤ 각 재료는 3회 측정해 평균값을 계산한다.

⑥ 폐기율 측정은 다음과 같이 한다.

$$폐기율(\%) = \frac{폐기되는\ 식품의\ 중량(g)}{식품\ 전체의\ 중량(g)} \times 100$$

또는

$$폐기율(\%) = \frac{식품\ 전체의\ 중량(g) - 가식부\ 중량(g)}{식품\ 전체의\ 중량(g)} \times 100$$

3. 실험결과

시료	중량(g)				가식량 또는 폐기량(g)				평균 폐기율(%)
	1회	2회	3회	평균	1회	2회	3회	평균	
사과									
바나나									
감자									
양파									
달걀									
새우									
오징어									

4. 결론 및 고찰

- 식품분석표의 폐기율과 실험결과의 폐기율을 비교한다.

 참고문헌

한눈에 보이는 실험조리

관능검사

2—
관능검사

학습목적

식품의 맛을 이해하고, 관능검사의 정의와 식품의 관능적 성질, 관능검사방법을
이해함으로써 품질평가에 활용한다.

학습목표

1 식품의 맛을 이해할 수 있다.

2 관능검사의 정의와 특징 및 주요 활용분야를 이해할 수 있다.

3 관능검사 요원 구성방법을 알고 훈련할 수 있다.

4 주요 관능검사방법을 이해할 수 있다.

1. 식품의 맛

식품의 맛은 미뢰에서 주로 느낀다. 맛을 분류하는 데는 헤닝Henning이 제안한 단맛, 쓴
맛, 신맛, 짠맛의 네 가지를 기본으로 한 4원미가 있으며 최근에는 여기에 감칠맛이
추가된 5원미로 구분하고 있다. 매운맛은 통각으로 기본 맛에는 포함되지 않는다. 혀
의 미각은 일반적으로 10~40℃에서 잘 느껴지며, 단맛은 20~50℃, 쓴맛은 10℃, 신
맛은 25~50℃, 짠맛은 30~40℃에서 잘 느껴지고, 매운맛은 50~60℃에서 잘 느껴
진다.

어떤 물질의 고유한 맛을 느낄 수 있는 최소의 농도를 맛의 역치라고 한다. 보통 쓴
맛은 역치가 낮아 민감도가 높으며, 단맛은 역치가 높아 민감도가 낮다.

미맹이란?

대부분의 사람들은 페닐티오카르바마이드(PTC) 또는 페닐티오우레아(PTU)에 대해 쓴맛을 느끼는데, 이 물
질의 쓴맛을 느끼지 못하는 사람들을 일컬어 미맹이라고 한다.

2. 관능검사의 이해

1) 관능검사의 정의

미국 IFT^{Institute of Food Technologists}의 관능평가분과위원회에서는 관능검사를 '식품과 물질의 품질 특성이 시각, 후각, 미각, 촉각, 청각으로 감지되는 반응을 측정, 분석 또는 해석하는 과학의 한 분야'라고 정의했다.

2) 관능검사의 특징

관능검사는 미리 계획된 조건하에서 식품의 맛, 향, 질감, 온도감, 통감 등을 여러 사람의 감각을 활용해 평가하는 것이다. 관능검사는 과학적인 방법으로 실시해야 하고, 결과는 재현성이 있어야 하며, 통계학적으로 분석해 신뢰성 있는 결론을 내려야 한다.

3) 관능검사의 주요 활용분야

관능검사는 신제품 개발, 제품의 품질 향상과 생산성 증진을 위한 공정 개선, 제품의 품질검사나 균일한 품질관리를 위해 활용되며, 소비자의 선호도나 제품 특성에 대한 기호도 조사를 통해 시장 경쟁력을 판단하기 위한 필요한 정보 수집 등에 다양하게 활용된다.

실험조리에서도 관능검사에 의해 평가되는 부분이 많으므로 이 장에서 관능검사에 대해 간단히 소개하도록 한다.

4) 관능검사 요원의 구성 및 훈련

(1) 관능검사 요원의 선정

관능검사 요원panel은 일반적으로 미각에 대해 정상적인 감수성이 있는 건강한 성인 남녀로서 관능검사에 대한 의욕이 많고 음식에 대한 편견이 없어야 한다. 종교, 직업, 흡연 여부도 목적에 따라 고려할 수 있으며, 먹어 보지 못한 식품에 대해서는 미리 먹어 보게 한 후 관능검사에 참여시키는 것이 좋다.

(2) 관능검사 요원의 적정 인원수

관능검사 요원은 특성 묘사의 경우 6~12명, 차이식별 검사는 10~20명, 기호도 조사 시 중형은 40~200명, 대형은 200~200,000명으로 구성하는 것이 일반적이다.

5) 관능검사물의 제시

관능검사 시료를 담는 용기는 시료에 영향을 주지 않는 것을 선택하고, 관능검사물을 제시하는 번호는 편견이 없도록 난수표를 이용해 무작위로 세 자리 숫자를 선택하며, 시료 제시 순서도 임의로 배치해 제시번호나 순서에 의한 오차를 줄여야 한다. 또한 시료에 따라서는 시료의 특성 평가에 영향을 주지 않는 범위에서 평소 같이 먹는 식품을 동반식품으로 함께 제공할 수 있다.

6) 관능검사실

관능검사를 정확하게 실시하기 위해서는 10~50평 정도의 전용공간이 필요하다. 관능검사실의 온도는 20~25℃, 습도는 50~60%로 쾌적하게 유지해야 하며, 조명은 태양광선과 40~69W의 형광등 1~2개를 사용한 인공광선을 함께 사용하는 것이 좋다.

이러한 관능검사실은 평가에 방해를 받지 않도록 칸막이가 있는 개인용 관능검사대 individual booth를 이용하는 것이 좋다.

이 외에도 패널을 훈련하거나 관능검사 의견을 나눌 수 있는 둥근 테이블이 있는 토론실, 그리고 준비실과 자료 준비실도 필요하다.

3. 관능검사방법

1) 차이식별 검사

(1) 종합차이 검사

① 단순차이 검사

단순차이 검사Simple paired difference test는 2개의 시료를 제시해 시료 간에 차이가 있는지 없는지를 알아보기 위한 방법으로, 주로 맛이나 냄새가 강해서 패널이 혼동할 우려가 있을 때 사용한다.

보통 표준시료A와 대조시료B를 AA, BB, AB, BA의 한 쌍으로 제공하며, 우연히 맞출 확률이 50%이다.

② 일이점 검사

일이점 검사Duo-trio test는 기준시료와 다른 2개의 시료로 구성된 3개의 시료를 제시하는 방법이다. 3개의 시료 중 기준시료R를 알려주고, 나머지 2개의 시료를 제시해 그중 기준시료와 같은 시료를 찾아내는 것이다. 그 후 정답 수를 세어 '이점 검사의 유의성 검정표'에 의해 결과를 해석한다.

이 방법은 식품의 제조과정 중 재료를 변화시켰을 때 제품의 품질에 영향이 있는지를 알아보기 위해 사용되는 방법으로 우연히 맞출 확률은 50%이다.

③ 삼점 검사

삼점 검사Triangle test는 2개의 검사물 간 관능적인 차이 여부를 조사하기 위한 방법이다. 동일한 2개의 시료와 다른 1개의 시료로 구성된 3개의 세트를 제시해 서로 다른 시료를 선택하도록 한다. 그 후 정답 수를 세어 '삼점 검사 유의성 검정표'에 의해 결과를 해석한다. 이는 2가지 시료의 차이를 비교적 예민하게 식별할 수 있어서 가장 많이 사용되는 방법으로, 우연히 맞출 확률은 약 33%이다.

(2) 특성 차이 검사

① 순위법

순위법Ranking test은 3~6가지 정도의 시료를 비교할 때 시료의 특정 특성에 대해 그 특성이 강한 순서대로 순위를 매겨서 차이를 알아보는 방법으로 4대 기본 맛, 색, 경도, 기호도 검사에 주로 이용되는 방법이다.

② 평점법

평점법Scoring test은 3~7개의 시료를 제시해 시료의 특정 관능적 품질 특성이 어느 정도 다른지 조사하고자 할 때 사용하는 방법으로 보통 5단계나 7단계를 많이 사용한다. 즉, 짠맛에 대해 5점 척도를 나타낼 때에 1점은 '매우 싱겁다', 2점은 '약간 싱겁다', 3점은 '짜지도 싱겁지도 않다', 4점은 '약간 짜다', 5점은 '매우 짜다'로 표시할 수 있다.

2) 소비자 검사

(1) 소비자 기호도 검사

소비자가 제품을 얼마나 좋아하는지를 측정하고자 할 때 사용하는 방법으로, 보통 '대단히 싫어한다'에서 '대단히 좋아한다'까지를 9점 척도의 평점법을 사용한다. 소비자 기호도 검사는 관능적 특성을 측정하는 대신 기호도를 측정한다는 점을 제외하면 차이식별 검사와 유사하므로 검사결과도 차이식별 검사의 결과와 같은 방법으로 해석한다. 이 방법은 소비자가 검사하는 제품을 얼마나 혹은 어느 정도 좋아하는가를 측정할 수 있다.

(2) 소비자 선호도 검사

소비자가 제품 중 어느 것을 더 좋아하는지를 검사하는 것으로 소비자의 제품에 대한 주관적인 판단방법이다. 소비자 선호 검사는 두 제품 간의 이점 비교에 의한 선호도 검사와 선호 순위 검사가 있으며, 두 가지나 여러 가지 제시된 시료 중 가장 선호하는 시료를 꼭 선택하거나 선호 정도를 평점으로 표시할 수 있다. 이 방법은 소비자가 제품을 좋아하는지 싫어하는지는 알 수 없고 단지 제시된 시료 중에서 더 선호하는 것만을 알 수 있다는 단점이 있다.

3) 묘사분석

묘사분석Descriptive test은 소수의 훈련이 잘 된 관능검사 요원들에 의해 시료의 관능적 특성을 특정 어휘를 사용하여 질적, 양적으로 묘사하는 방법으로 각 특성의 차이를 안 후 그 성질을 묘사하고, 그 후 그 특성의 강도를 결정하는 방법이다. 묘사분석방법에는 정량묘사분석Quantitative Descriptive Analysis ; QDA, 향미 프로필, 텍스처 프로필, 스펙트럼 묘사분석, 시간-강도 묘사분석 등이 있다.

묘사분석 관련 용어의 예

외관	향미	텍스처
•색 : 빨간색, 노란색 등	•향 : 풋내, 탄내, 버터 냄새 등	•표면 : 거친, 부드러운 등
•농도 : 묽은, 된	•맛 : 감미료 맛, 카페인 맛 등	•삼킴 : 수분흡착이 많음 등
•크기 : 작은, 큰		

4. 관능검사에 영향을 주는 요인

관능검사 요원의 심리 상태에 따라 관능검사의 결과에 다음과 같은 오차가 생길 수 있다.

1) 시료 제시 순서에 따른 오차

(1) 대조효과
좋은 시료 다음에 제시되는 나쁜 시료는 더 나쁘게 평가된다.

(2) 그룹효과
나쁜 시료들과 함께 제시된 시료는 좋은 시료도 나쁘게 평가된다.

(3) 중앙경향오차
중간 정도의 점수로 평가된다.

(4) 순위오차
첫 번째 제시된 시료가 비정상적으로 좋게 평가되거나 나쁘게 평가된다.

2) 기대오차

사전에 알고 있는 선입견에 의해 판단되는 오차이다. 패널이 시료에 대한 정보를 없앰으로써 기대오차를 줄일 수 있다.

3) 논리적 오차

2개 이상의 특성이 서로 연관되어 있다고 생각될 때 한 특성의 차이가 다른 특성을 판단할 때 영향을 주는 오차이다. 시료를 균일하게 하고 시료 간 다른 차이를 없앰으로써 줄일 수 있다.

4) 동기의 결핍

관능검사 요원들의 동기가 낮아 불성실한 평가를 함으로써 생기는 오차로, 패널이 검사에 대하여 알고 관심을 가질 수 있게 해야 관능검사가 잘 될 수 있다.

5) 상호암시

다른 관능검사 요원에 의해 영향을 받는 오차로, 관능검사실에 칸막이를 설치하고 관능검사를 실시하는 것이 좋다.

6) 습관오차

특성의 강도가 아주 완만하게 증가하거나 감소할 때 동일한 강도처럼 느껴지는 오차로, 가끔 시료의 형태를 변화시켜 습관오차를 줄일 수 있다.

7) 자극오차

시료의 차이와 무관하게 용기의 색이나 모양 등 외부의 자극이나 절차의 차이에 의해 생기는 오차이다. 관능검사 때에 제시되는 용기의 색이나 모양을 같게 하면 줄일 수 있다.

8) 후광오차

한 특성이 좋으면 다른 특성도 좋게 평가되거나 한 특성이 나쁘면 다른 특성도 나쁘게 평가되는 경향으로, 중요한 특성은 따로 평가해야 후광오차를 줄일 수 있다.

5대 기본 맛의 인지도 실험

실험재료	설탕	4g	레몬주스	4g
	카페인	0.2g	마른 표고버섯	4g
	소금	4g	물	7L(1L × 7)

기구 및 기기	컵*(인원수 × 8개)	라벨(인원수 × 8개)
	* 종이컵을 사용할 수도 있다.	전자저울
	티스푼(인원수 × 6개)	냄비
	메스실린더(1L 6개, 50mL 6개)	

1. 실험목적

관능검사 요원에 대한 기초실험으로 단맛, 신맛, 쓴맛, 짠맛, 감칠맛의 5대 기본 맛을 구분할 수 있는지 알아본다.

2. 실험방법

① 물과 설탕, 레몬주스, 카페인, 소금, 마른 표고버섯 우린 물을 각각 다음과 같은 농도로 1L를 만든다.

  A : 물 1L
  B : 설탕 4g을 물 1L에 녹인다.
  C : 레몬주스 4g을 물 1L에 섞는다.
  D : 카페인 0.2g을 물 1L에 녹인다.
  E : 소금 4g을 물 1L에 녹인다.
  F : 마른 표고버섯 4g을 물 1L에 넣고 5분간 가열 후 식힌다.

② 각 조마다 임의의 숫자를 쓴 라벨지를 붙인 컵에 시료 용액을 20mL씩 나누어 담는다.
③ 눈을 감고 준비한 시료를 티스푼에 찍어서 맛을 본 후 물로 입을 헹구고 다음 시료의 맛을 보면서 각각의 맛을 구별한다.

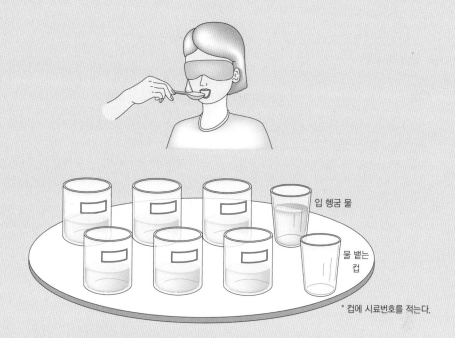

입 헹굼 물

물 뱉는 컵

* 컵에 시료번호를 적는다.

④ 관능검사지에 각각의 관능검사 요원이 느낀 맛을 표시한다.

⑤ 기본 맛 인지에 대한 '관능검사지'에 결과를 정리하고 정답을 가르쳐 주어 맞는 것에 ○로 표시한 후 맛을 구분하는지를 확인한다.

⑥ 조별 관능검사 요원의 기본 맛의 결과를 '조별 기본 맛 인지에 관한 확인표'에 적고 정답을 맞춘 후 각 시료별 정답자 수를 합하여 어느 맛이 가장 많이 맞았는지 또는 어느 맛이 가장 많이 틀렸는지 확인한다.

- 시료번호는 난수표를 이용해 각각 다른 세 가지 숫자를 기록한다.
- 레몬주스 대신 구연산을 사용할 수 있다.
- 카페인 대신 자몽의 흰 껍질을 우려서 사용할 수 있다.
- 바나나 껍질로 떫은맛을 평가할 수도 있다.

3. 실험결과

관능검사지

이름 :   관능검사 요원 번호 :   날짜 :

아래의 용액은 설탕, 레몬주스, 카페인 용액, 소금, 표고버섯을 우려낸 시료와 물입니다. 이 실험은 기본 맛을 인지하기 위한 실험으로 각각의 맛을 보고 물로 입안을 헹군 후 다음 맛을 보세요. 각각 시료에 해당하는 맛을 체크하세요. 단, 물맛이면 '무미'로, 모르는 맛이면 '모름'으로 체크하세요.

시료번호	무미	단맛	신맛	쓴맛	짠맛	감칠맛	모름	정답의 맛
○○○								
○○○								
○○○								
○○○								
○○○								
○○○								

🧪 조별 기본 맛 인지에 대한 확인표

시료번호	관능검사 요원	무미	단맛	신맛	쓴맛	짠맛	감칠맛	모름
○○○ 무미(물)	1							
	2							
	3							
	4							
	5							
	정답자 수							
○○○ 단맛 (설탕)	1							
	2							
	3							
	4							
	5							
	정답자 수							
○○○ 신맛 (레몬 주스)	1							
	2							
	3							
	4							
	5							
	정답자 수							
○○○ 쓴맛 (카페인)	1							
	2							
	3							
	4							
	5							
	정답자 수							
○○○ 짠맛 (소금)	1							
	2							
	3							
	4							
	5							
	정답자 수							
○○○ 감칠맛 (표고 버섯 우린 물)	1							
	2							
	3							
	4							
	5							
	정답자 수							

* 조별 관능검사 요원이 분석한 맛을 정리하고 정답과 맞추어 본다.
** 조별로 가장 많이 맞거나 틀리는 맛을 알 수 있다.

4. 결론 및 고찰

- 헤닝의 4원미에 대해 알아본다.
- 역치에 대해 알아본다.

 참고문헌

삼점 검사법

실험재료	다이어트 콜라	1L	물	1L
	일반 콜라	2L(1L × 2)		
기구 및 기기	컵*(인원수 × 10개)		메스실린더(50mL) 2개	
	* 종이컵을 사용할 수도 있다.			
	라벨(인원수 × 3개)			

1. 실험목적

세 가지 시료 중 두 가지는 같고 한 가지는 다른 시료를 제시해 세 가지 중 다른 시료 하나를 찾을
수 있는지 알아보는 실험으로 비교적 민감한 실험이다.

2. 실험방법

① 임의의 숫자를 표시한 컵에 하나는 다이어트 콜라, 2개는 일반 콜라를 20mL씩 각각 준비한다
   (제시자는 내용물을 알고 관능검사자는 몰라야 한다).
② 각각의 관능검사 요원에게 아래 세 가지의 시료 중 두 가지는 같고 하나는 다름을 알려준다. 맛
   을 하나씩 보고 물로 입을 헹군 후 다시 맛을 보게 한 후 다른 하나를 찾아내게 한다.
③ 시료번호를 바꾼 후 동일한 실험을 한 번 더 실시한다.

* 컵에 시료번호를
  적는다.

④ 관능검사 요원은 차이를 느끼는 한 가지 시료의 번호를 관능검사지에 작성한다.

⑤ 조장은 관능검사 요원별 관능검사 결과에서 정답은 1, 오답은 0으로 표시하여 삼점검사 결과 집계표에 작성하고 정답자의 총계를 구한다. 경우에 따라서 정답자의 총계는 조별 또는 반별로 구할 수 있다.

⑥ 삼점검사법 통계 유의도표를 참고로 유의적 차이가 있는지를 판정한다.

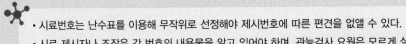

- 시료번호는 난수표를 이용해 무작위로 선정해야 제시번호에 따른 편견을 없앨 수 있다.
- 시료 제시자나 조장은 각 번호의 내용물을 알고 있어야 하며, 관능검사 요원은 모르게 실험을 해야 한다.

3. 실험결과

🧪 관능검사지

이름 :   관능검사 요원 번호 :   날짜 :

다음 세 가지의 시료는 콜라입니다. 그중 두 시료는 같고 한 가지 시료는 다릅니다. 각각의 시료를 맛본 후 물로 입을 헹구고 다음 시료를 맛보아 세 시료 중 다른 것에 ✓표시 하세요. 한 번의 실험이 끝나면 번호를 달리 하여 시료를 제시할 것입니다. 같은 방법으로 관능검사를 하세요.

	시료 번호	다른 검사물 시료번호	정답 / 오답
1회	____ ____ ____	____	____
2회	____ ____ ____	____	____

🧪 조별 삼점 검사 결과 집계표

관능검사 요원	삼점 검사 결과[1]	
	1회	2회
1		
2		
3		
4		
5		
6		
계		
총계[2]		

1) 관능검사 요원별로 정답은 1, 오답은 0으로 표시한다.
2) 2회의 실험 중 정답자 수의 1, 2회 총계를 구한다.
* 결과 해석 : 삼점 검사법의 통계적 유의도에서 관능검사 요원의 수×2회 한 수를 관능검사 횟수로 보고, 정답의 합계가 유의차를 나타내기 위한 최소한의 정답자 수 이상이면 α = _____ 수준에서 유의적으로 차이가 있다고 판정한다.
3) 반별로 정답지의 총계를 내어 판정할 수도 있다.

삼점 검사법의 통계적 유의도(p = 1/3)

관능검사 횟수	유의차를 나타내기 위한 최소한의 정답자 수		
	유의수준		
	α = 0.05(*)	α = 0.01(**)	α = 0.001(***)
5	4	5	–
6	5	6	–
7	5	6	7
8	6	7	8
9	6	7	8
10	7	8	9
11	7	8	9
12	8	9	10
13	8	9	11
14	9	10	11
15	9	10	12
16	9	11	12
17	10	11	13
18	10	12	13

자료 : Morten C. Meilgaard, Gail Vance Civille, B. Thomas Carr, 2007, Sensory evaluation techniques 4th edi. CRC Press p. 433

한눈에 보이는 실험조리

4. 결론 및 고찰

- 차이식별 검사에 대해 알아본다.

 참고문헌

우유의 품질 특성 비교

실험재료				
	저지방 우유	20mL × 인원수	무지방 우유	20mL × 인원수
	일반 우유	20mL × 인원수	멸균 우유	20mL × 인원수
	락토 우유	20mL × 인원수	저온살균 우유	20mL × 인원수
	물	1L		
기구 및 기기	컵*(인원수 × 8개)		라벨(인원수 × 8개)	
	* 종이컵을 사용할 수도 있다.		메스실린더(50mL) 6개	

1. 실험목적

시판되는 우유의 종류에 따른 기호도 순위를 평가한다.

2. 실험방법

① 컵에 시료번호를 표시한 다음 저지방 우유, 무지방 우유, 일반 우유, 멸균 우유, 락토 우유, 저온
살균 우유를 20mL씩 담는다(이때 제시자는 내용물을 알고 있어야 하며, 관능검사 요원은 몰라
야 한다).
② 관능검사 요원은 제시된 하나의 시료를 맛본 후 물로 입을 헹구고 다음 우유의 맛을 보고 기호
도 순위를 평가해 관능검사지를 작성한다.

입 헹굼
물

물 뱉는
컵

* 컵에 시료번호를
적는다.

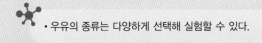

• 우유의 종류는 다양하게 선택해 실험할 수 있다.

3. 실험결과

🧪 관능검사지

| 이름 : | 관능검사 요원 번호 : | 날짜 : |

다음은 우유에 대한 관능검사입니다. 우유의 기호도를 가장 좋은 것을 1위, 가장 나쁜 것을 6위로 해 순위법으로 평가하세요.

우유

시료번호	순위법[1]

1) 순위법(좋은 것부터)

🧪 조별 순위 검사 결과 집계표

관능검사 요원	순위법[1] 집계표					
	시료번호 ( )	시료번호 ( )	시료번호 ( )	시료번호 ( )	시료번호 ( )	시료번호 ( )
1						
2						
3						
4						
5						
순위 합계						

1) 관능검사 요원별로 순위를 표시한다.
2) 순위법에 의한 검정표를 사용해 5% 유의수준에서 패널 수(총평가 수)와 시료 수에 해당하는 최소 및 최대의 비유의적 순위
합계를 확인한 후, 각 시료 간 순위 합계와 비교해 기준범위를 벗어나는 시료물 간에는 유의적인 차이가 있다고 판정한다.
3) 반별로 총계를 내어 판정할 수도 있다.

📋 순위법 유의성 검정표(5%)

2개의 숫자는 최소 비유의적 순위합-최대 비유의적 순위합을 나타낸다.

관능검사 요원 수	시료 수								
	2	3	4	5	6	7	8	9	10
2	–	–	–	–	–	–	–	–	–
3	–	–	–	4–14	4–17	4–20	4–23	5–25	5–28
4	–	5–11	5–15	6–18	6–22	7–25	7–29	8–32	8–36
5	–	6–14	7–18	8–22	9–26	9–31	10–33	11–39	12–43
6	7–11	8–16	9–21	10–26	11–31	12–36	13–41	14–46	15–51
7	8–13	10–18	11–24	12–30	14–35	15–41	17–46	18–52	19–58
8	9–15	11–21	13–27	15–33	17–39	18–46	20–52	22–58	24–64
9	11–16	13–23	15–30	17–37	19–44	22–50	24–57	26–64	28–71
10	12–18	15–25	17–33	20–40	22–48	25–55	27–63	30–70	32–78
11	13–20	16–28	19–36	22–44	25–52	28–60	31–68	34–76	36–85
12	15–21	18–30	21–39	25–47	28–56	31–65	34–74	38–83	41–91
13	16–23	20–32	24–41	27–51	31–60	35–69	38–79	42–88	45–98
14	17–25	22–34	26–44	30–54	34–64	38–74	42–84	46–94	50–104
15	19–26	23–37	28–47	32–58	37–68	41–79	46–89	50–100	54–111
16	20–28	25–39	30–50	35–61	40–72	45–83	49–95	54–106	59–117
17	22–29	27–41	32–53	38–64	43–76	48–88	53–100	58–112	63–124
18	23–31	29–43	34–56	40–68	46–80	51–93	57–105	62–118	68–130
19	24–33	30–46	37–58	43–71	49–84	55–97	61–110	67–123	73–136
20	26–34	32–48	39–51	45–75	52–88	58–102	65–115	71–129	77–143
21	27–36	34–50	41–64	48–78	55–92	62–106	68–121	75–135	82–149
22	28–38	36–52	43–67	51–81	58–96	65–111	72–126	80–140	87–155
23	30–39	38–54	46–69	53–85	61–100	69–115	76–131	84–146	91–162
24	31–41	40–56	48–72	56–88	64–104	72–120	80–136	88–152	96–168
25	33–42	41–59	50–75	59–91	67–108	76–124	84–141	92–158	101–174

4. 결론 및 고찰

- 순위법에 대해 알아본다.
- 우유의 종류에 대해 알아본다.

 참고문헌

치즈의 품질 특성 비교

실험재료	체더 치즈	15g × 인원수	카망베르 치즈	15g × 인원수
	크림 치즈	15g × 인원수	에멘탈 치즈	15g × 인원수
	모차렐라 치즈	15g × 인원수	블루 치즈	15g × 인원수
	물	1L		

기구 및 기기	흰 접시*(인원수 × 6개)	티스푼
	* 큰 접시에 모두 넣고 라벨을 붙여 구분해도 된다.	자
	라벨(인원수 × 8개)	칼
	컵(인원수 × 2개)	전자저울
	트레이(인원수 × 1개)	

1. 실험목적

시판되는 치즈의 종류에 따른 외관, 질감, 맛을 묘사법으로 평가한다.

2. 실험방법

접시에 체더 치즈, 크림 치즈, 모차렐라 치즈, 카망베르 치즈, 에멘탈 치즈, 블루 치즈를 3×3cm 정도의 크기로 썰어 제시한 후 외관, 질감과 맛을 묘사법에 의해 평가한다. 맛을 볼 때는 하나의 시료를 맛본 후 입을 헹구고 다음 시료를 평가해 관능검사지를 작성한다.

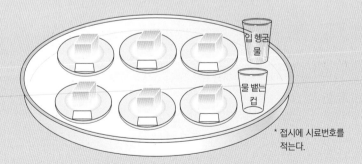

입 헹굼
물

물 뱉는
컵

* 접시에 시료번호를
  적는다.

• 치즈의 종류는 다양하게 선택해 실험할 수 있다.

3. 실험결과

🧪 관능검사지

이름 :	**관능검사 요원 번호 :**	**날짜 :**

다음은 치즈에 대한 관능검사입니다. 각각의 특성에 대해 묘사법으로 설명하세요.

치즈

시료번호	외관[1]	질감[2]	맛[3]

1)~3) 묘사법

4. 결론 및 고찰

- 묘사법에 대해 알아본다.
- 치즈의 종류에 대해 알아본다.

 참고문헌

천연 맛국물의 감칠맛 비교

실험재료	멸치	50g		소고기	50g
	마른 표고버섯(중)	2장		물	2,400mL(800mL × 3)

기구 및 기기	냄비(중간 크기) 3개		전자저울
	라벨(인원수 × 5개)		메스실린더(50mL 2개, 1L 1개)
	컵*(인원수 × 5개)		타이머
	* 종이컵을 사용할 수도 있다.		

1. 실험목적

감칠맛을 내는 천연 맛국물 재료의 맛의 특성을 묘사법으로 평가한다.

2. 실험방법

① 물을 800mL씩 3개의 냄비에 넣고 소고기 50g, 멸치 50g, 마른 표고버섯 2장을 각각 냄비에 담고 20분간 가열한다.
② 컵에 20mL씩 담고 라벨을 붙인 후 제공한다.
③ 각각의 맛을 보고 그 맛을 묘사해 적는다.

입 헹굼
물

물 뱉는
컵

* 컵에 시료번호를
적는다.

3. 실험결과

이름 :   관능검사 요원 번호 :   날짜 :

다음은 천연 맛국물에 대한 관능검사입니다. 각각의 특성에 대해 묘사법으로 설명하세요.

천연 맛국물

시료번호	맛[1]

1) 묘사법

4. 결론 및 고찰

- 감칠맛 성분에 대해 알아본다.

 참고문헌

난수표

행\열	(1)	(2)	(3)	(4)	(5)	(6)	(7)	(8)	(9)	(10)	(11)	(12)	(13)	(14
1	10480	15011	01536	02011	81647	91646	69179	14194	02590	36207	20969	99570	91291	907◆
2	22368	46573	25595	85393	30995	89198	27982	53402	93965	34095	52666	19174	39615	995
3	24130	48360	22527	97265	76393	64809	15179	24830	49340	32081	30680	19655	63348	586
4	42167	93093	06243	61680	07856	16376	39440	53537	71341	57004	00849	74917	97758	163
5	37570	39975	81837	16656	06121	91782	60468	81305	49884	60672	14110	06927	01263	546
6	77921	06907	11003	42751	27755	53493	18602	70659	90655	15053	21916	81825	44394	428
7	99562	72905	56420	69994	98872	31016	71194	18733	44013	48840	03213	21069	10634	129
8	96301	91977	05463	07972	18876	20922	94595	56869	69014	60045	18425	84903	42508	323
9	89579	14342	63661	10281	17453	18103	57740	84378	25331	12566	58678	44947	05585	569
10	86475	36857	53342	53988	53060	59533	38867	62300	03158	17983	16439	11458	18593	649
11	28918	69578	88231	33276	70997	79936	56865	05859	90103	31595	01547	85590	91610	781
12	63553	40961	48235	03427	49626	69445	18663	72695	52180	20347	12234	90511	33703	903
13	09429	93969	52636	92737	88974	33483	36320	17617	30015	08272	84115	27156	30613	749
14	10365	61129	87529	85689	48237	52267	67689	93394	01511	26353	85104	20235	29975	898
15	07119	97336	71048	08178	77233	13916	47564	81056	97735	85977	29372	74461	28551	907
16	51035	12765	51821	51259	77452	16303	60756	92144	49442	53900	70960	63990	75601	407
17	02368	21382	52404	60248	89368	19885	55322	44819	01183	65255	64835	44919	05944	551
18	01011	54092	33362	94904	31273	04146	18594	29852	71585	85030	51132	01915	92747	649
19	52162	53916	46369	58586	23216	14513	83149	98736	23495	64350	94733	17752	35156	357
20	07056	97628	33787	09998	42698	06691	76988	13602	51851	46104	88916	19509	25625	581
21	48663	91245	85828	14346	09172	30168	90229	04734	59193	22178	30421	61666	99904	328
22	54164	58492	22421	74103	47070	25306	76468	26384	58151	06646	21524	15227	96909	445
23	32639	32363	05597	24200	13363	38005	94342	28728	35806	06912	17012	64161	18296	228
24	20334	37001	87637	87303	58731	00256	45834	15398	46557	41135	10367	07684	36188	185
25	02488	33062	28834	07351	19731	92420	60952	61280	50001	67653	32586	86679	50720	949
26	81525	72295	04839	96423	24878	82651	66566	14778	76797	14780	13300	87074	79666	957
27	29676	20591	68086	26432	46901	20849	89768	81536	86645	12659	92259	57102	80428	252
28	00742	57392	39064	64432	84673	40027	32832	61362	98947	96067	64760	64584	96096	982
29	05366	04213	25669	26422	44407	44048	37937	63904	45766	66134	75470	66520	34693	90◆
30	91921	26418	64117	94305	26766	25940	39972	22209	71500	64568	91402	42416	07844	69◆
31	00582	04711	87917	77341	42206	35126	74087	99547	81817	42607	43808	76655	62028	766
32	00725	69884	62797	56170	86324	88072	76222	36086	84637	93161	76038	65855	77919	880
33	69011	65795	95876	55293	18988	27354	26575	08625	40801	59920	29841	80150	12777	48◆
34	25976	57948	29888	88604	67917	48708	18912	82271	65424	69774	33611	54262	85963	03◆
35	09763	83473	73577	12908	30883	18317	28290	35797	05998	41688	34952	37888	38917	88◆
36	91567	42595	27958	30134	04024	86385	29880	99730	55536	84855	29080	09250	79656	73◆
37	17955	56349	90999	49127	20044	59931	06115	20542	18059	02008	73708	83517	36103	42◆
38	46503	18584	18845	49618	02304	51038	20655	58727	28168	15475	56942	53389	20562	87◆
39	92157	89634	94824	78171	84610	82834	09922	25417	44137	48413	25555	21246	33509	20
40	14577	62765	35605	81263	39667	47358	56873	56307	61607	49518	89686	20103	77490	18◆
41	90427	07523	33362	64270	01638	92477	66969	98420	04880	45585	46565	04102	46330	45
42	34914	63976	88720	82765	34476	17032	87589	40836	32427	70002	70663	88863	77775	69
43	70060	28277	39475	46473	23219	53416	94970	25832	69975	94884	19661	72828	00102	66
44	53976	54914	06990	67245	68350	82948	11398	42878	80287	88267	47363	46636	06541	87
45	76072	29515	40980	07391	58745	25774	22987	80059	39911	96189	41151	14222	60697	59
46	90725	52210	83974	29992	65831	38857	50490	83765	55657	14361	31720	57375	56228	41
47	64364	67412	33339	31926	14883	24413	59744	92351	92473	89286	35931	04110	23726	51◆
48	08962	00358	31662	25388	61642	34072	81249	35648	56891	69352	48373	45578	78547	81
49	95012	68379	93526	70765	10592	04542	76463	54328	02349	17247	28865	14777	62730	92
50	15664	10493	20492	38391	91132	21999	59516	81652	27195	48223	46751	22923	33261	85

곡류의 조리

3—
곡류의
조리

학습목적
주요 곡류의 전분 특성을 이해하여 조리과정에 활용한다.

학습목표
1 전분의 입자, 가수분해, 호화·노화에 대해 이해할 수 있다.
2 햅쌀과 묵은 쌀을 비교하고, 곡류의 수분 흡수에 대해 이해할 수 있다.
3 밥맛의 구성요소, 멥쌀과 찹쌀의 성질을 이해할 수 있다.
4 고구마의 조리 특성에 대해 이해할 수 있다.

1. 곡류의 구조

곡류는 외피, 배아, 배유의 세 부분으로 되어 있으며, 외피는 곡류 입자의 5%로 내부를
보호하는 역할을 한다. 배아는 곡류 입자의 약 3% 정도로, 곡물의 씨눈으로 발아 시
여기에서 싹이 나며 도정에 의해 외피와 함께 제거된다. 배유는 곡류 입자의 약 92%
정도이고, 우리가 주로 먹는 부분으로 전분이 주성분이다.

2. 전분

1) 구조

전분 입자는 포도당이 기본단위이며 결합방법에 따라 아밀로스^{amylose}와 아밀로펙틴
^{amylopectin}의 두 종류가 있다. 아밀로스는 포도당이 일직선으로 결합해 형성된 것이고,

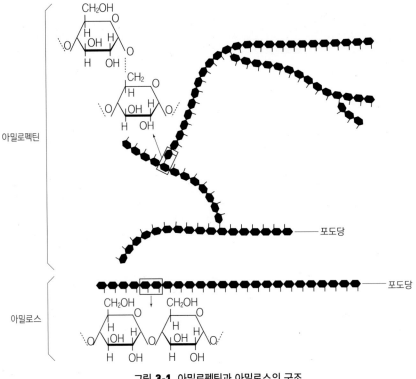

아밀로펙틴
포도당
포도당
아밀로스

그림 **3-1** 아밀로펙틴과 아밀로스의 구조

아밀로펙틴은 아밀로스와 같이 포도당이 일직선으로 결합되다가 가지가 쳐지는 형상의 분지상 구조를 가지고 있다. 일반적으로 전분 분자 내에서의 아밀로스와 아밀로펙틴의 함량비는 2 : 8 정도이나 전분의 종류에 따라 다르다. 멥쌀에는 아밀로스가 20~25%, 아밀로펙틴이 75~80% 정도 들어 있고, 찹쌀에는 아밀로스가 없고 거의 아밀로펙틴으로만 구성되어 있다.

2) 호화

전분을 냉수에 담그면 끈끈하지 않은 부유 상태_{현탁액}가 된다. 이 부유 상태의 전분을 가열하면 전분 입자는 흡수와 팽윤이 서서히 진행되어 60~65℃ 정도에서 급격히 팽윤하며, 70~75℃가 되면 점성이 높은 반투명의 콜로이드^{colloid} 상태가 되는데, 이러한 변화를 호화^{湖化}라고 하며 호화된 전분을 α-전분이라고 한다. 가열된 전분용액이 걸쭉해지는 것은 전분의 각 입자가 물을 흡수해 원래 크기의 몇 배로 불어나면서 산포되어 있는 공간이 좁아졌기 때문이다. 호화되지 않은 생전분을 β-전분이라 하는데 밥을 짓는다는 것은 β-전분을 α-전분화하는 것이다.

호화는 아밀로스가 아밀로펙틴보다 호화되기 쉽고 전분입자의 크기가 클수록 호화가 잘 된다. 전분을 가열하기 전에 물에 담가두거나 가열온도가 높으면 단시간에 호화가 일어난다. 호화할 때 물의 양이 많을수록 호화가 쉬운데 이상적인 물의 양은 전분의 6배이다.

전분에 산, 설탕, 지방 등의 첨가물을 가하면 호화가 잘 일어나지 않고 점도도 낮아지는데 소스를 만들거나 첨가물을 넣어야 할 경우에는 전분을 먼저 호화시킨 후 산이나 설탕, 지방을 첨가해야 한다.

3) 호정화

전분을 160~170℃의 건열로 가열하면 가용성의 덱스트린^{dextrin}으로 분해되는데, 이를 호정화라 한다. 미숫가루, 누룽지, 토스트, 뻥튀기, 루^{roux} 등에서 볼 수 있다.

4) 당화

전분은 산, 알칼리, 효소 등에 의해 가수분해되나 음식을 만드는 과정에서는 주로 산과 효소에 의해 가수분해가 진행된다. 전분에 산을 넣고 가열하거나 효소 또는 효소를 가지고 있는 엿기름과 같은 물질을 넣고 효소의 최적 온도로 맞추어 주면 서서히 가수분해되어 맥아당, 포도당과 같은 당이 만들어지는데, 이 과정을 당화라고 한다. 전분을 당화시켜 만든 음식에는 식혜, 엿, 콘시럽 등이 있다. 식혜는 보리를 싹 틔운 엿기름에 있는 β-아밀라아제amylase라는 효소에 의해 쌀 전분을 부분적으로 가수분해하여 만든 것이며, 엿은 식혜보다 당화 과정을 더 진행시켜 농축시킨 것이다. 식혜밥이 성글고 쉽게 부스러지는 것은 전분이 당화되어 쌀입자에서 빠져나갔기 때문이다.

5) 노화

호화된 α-전분을 실내온도에 방치해 두면 차차 굳어서 β-전분으로 되돌아간다. 이 현상은 호화된 전분 입자 내에 미셀구조 붕괴로 불규칙적으로 배열되어 있던 전분 분자들이 시간이 경과함에 따라 미셀구조 재배열로 부분적으로 규칙화되어 작은 결정체를 만들기 때문이다. 이 현상을 노화라고 한다.

전분의 노화는 수분 함량이 30~70%이고 온도가 0~4℃일 때 가장 쉽게 일어나므로 겨울철이나 냉장고에서 밥, 떡, 빵 등이 빨리 굳는다. 노화현상은 수분 함량이 15% 이하로 떨어지면 잘 일어나지 않는다. 따라서 노화를 방지하려면 α-전분으로 된 것을 80℃ 이상에서 급속히 건조시키거나 0℃ 이하에서 급격히 탈수시키면 된다.

전분의 노화는 일반적으로 아밀로스와 아밀로펙틴의 함유 비율에 의해 속도가 달라진다. 아밀로스가 많은 전분은 노화가 빨리 일어나고 아밀로펙틴이 많은 전분은 분지상 구조로 입체장애를 받아 서서히 일어난다. 찹쌀떡이 멥쌀떡보다 늦게 굳는 것이 바로 이런 까닭이다. 또한 묽은 염산이나 황산용액은 노화 속도를 증가시키는 반면, 과량의 설탕은 설탕의 흡습작용에 의해 노화를 억제하며, 모노글리세라이드monoglyceride, 디글리세라이드diglycerides 같은 유화제 첨가도 노화를 억제한다.

6) 겔화

호화된 전분을 냉각시키면 반고체 상태로 굳어지는 현상을 겔gel화라 한다. 이는 호화 시 유리되었던 아밀로스들이 전분액을 냉각시키면 분자들 간의 수소결합을 통해 화합하고 서로 연결되어 입체적 망상구조를 형성하게 되는데, 그 내부에 물이 갇히게 되면서 반고체 상태의 겔을 형성하기 때문이다. 호화된 전분액이 식으면서 부분적으로 이러한 현상이 일어나면 유동성이 없어진 겔이 된다. 겔화는 모든 호화된 전분에서 일어나는 현상이 아니며, 아밀로펙틴은 겔을 형성하지 않는다. 그러나 아밀로스를 많이 함유한 메전분은 쉽게 겔화하며 겔의 강도는 가열시간이 길수록, 아밀로스 함량이 높을수록 단단해진다. 산은 가수분해가 일어나 겔화를 방해하여 겔 강도가 약해지며, 설탕도 겔 강도를 감소시킨다. 또한 전분 농도가 높을수록 단단한 겔을 형성하며, 유화제는 겔 형성에 참여할 아밀로스와 결합하여 겔 강도를 감소시킨다.

전분을 겔화하여 묵을 만들 수 있는 전분으로는 녹두, 도토리, 메밀, 동부 등이 있으며 이를 이용하여 청포묵, 도토리묵, 메밀묵, 과편 등을 만든다.

3. 멥쌀과 찹쌀의 조리

1) 멥쌀의 조리

멥쌀은 반투명하고 찹쌀에 비해 밥을 지었을 때 끈기가 적고 단단한데 아밀로스 함량에 따라 달라진다. 아밀로스 함량이 높은 쌀로 밥을 지으면 밥이 끈기가 없고 단단하며 부슬부슬하다.

밥 짓기는 먼저 쌀을 수침하여 내부까지 수분이 흡수된 후^{약 30%} 가열하고 마지막에 뜸 들이는 과정을 거친다. 밥맛을 좌우하는 요인으로는 쌀의 품종, 쌀의 수확시기와 보관방법, 밥물의 양^{쌀 중량의 1.5배, 부피의 1.0~1.2배}, 불의 세기와 뜸들이기, 밥물의 pH, 밥 짓는 용구와 열원 등이 중요하다. 호화에 소요되는 시간은 가열온도가 98℃일 때 20~30분 정도이다.

밥물의 pH는 7~8일 때가 가장 좋으며 pH가 6.7~6.9로 산성일수록 맛이 저하된다. 산성일 때는 밥의 백색 안토잔틴^{anthoxanthin}의 색이 더 하얗게 되며 노화가 잘 일어나므

표 3-1 밥맛에 영향을 주는 요인

요 인	내 용
쌀의 품종	• 자포니카(Japonica)형 : 쌀알이 짧고 둥글며 세포벽이 얇아 밥을 지었을 때 세포벽이 파괴되면서 전분이 흘러나와 끈기가 있다(예 추청벼, 동진벼, 오대벼 등). • 인디카(Indica)형 : 쌀알이 길고 가늘며 세포벽이 두꺼워 끈기가 없다. • 자포니카형이 인디카형에 비해 아밀로펙틴 함량이 상대적으로 많다.
전분의 종류	• 아밀로스에 비해 아밀로펙틴 함량이 많을수록 찰기가 많고 색이 좋다.
쌀의 구성 성분	• 햅쌀에서 나는 글루탐산, 아스파르트산 등의 유리아미노산은 구수한 밥맛을 내며 묵은 쌀 저장 중 증가하는 알데히드류 지방산의 분해물질은 좋지 못한 냄새를 유발한다.
취반조건	• 밥물 : pH 7~8일 때 좋으며 산성일수록 밥맛이 나빠진다. • 기구와 열원 : 내부 압력을 높일 수 있는 무거운 뚜껑이 있는 두꺼운 재질의 기구와 장작불이 전기나 가스불보다 좋다.

로 식감이 빨리 단단해진다. 밥물이 알칼리일 경우에는 밥의 색이 약간 누렇게 변하게 된다.

전분은 요오드에 의해 색이 달라지는 반응을 보이는데 아밀로스는 청자색, 분지형의 중합체인 아밀로펙틴은 자색, 찹쌀은 적색이 된다. 또 전분의 가수분해 정도에 따라 분자량의 개수가 30~35개 이상이면 완전히 청색이 되며 그 이하에서는 자색을 짙게 띠다가 8~12개면 적색, 6개 이하일 때는 발색하지 않으므로 요오드 반응은 전분의 종류, 전분이 가수분해된 정도의 판정이나 아밀라아제 활성의 측정 등에 이용할 수 있다.

2) 찹쌀의 조리

찹쌀은 유백색이고 전분 입자가 아밀로펙틴만으로 구성되어 있어 밥을 지으면 차지며, 찹쌀 특유의 냄새가 난다.

찹쌀밥은 밥물의 양이 찹쌀 부피의 약 0.9배만 필요하다. 따라서 찹쌀이 수분 위로 올라오게 되어 고루 익지 않게 되므로 찌는 것이 좋은데, 이때 수침과정 중에 흡수된 수분량과 찔 때 수증기의 흡수량으로는 찹쌀 전분의 완전한 호화가 어려우므로 찌는 도중에 부족한 물을 2~3회 정도 뿌려 준다.

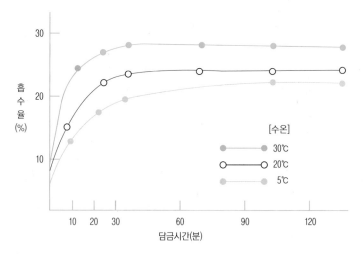

그림 **3-2** 쌀의 담금 시간에 따른 흡수율
자료 : 정은자 외, 2013, 조리원리, 진로, p. 66

3) 곡류의 수분 흡수

쌀의 흡수율은 곡류 자체의 수분 함량에 따라 다르나 20~30%의 물을 흡수하면 더 이상의 물을 흡수하지 않는다. 이를 포화점이라 하며 여기에 도달하는 데는 30~90분이 걸린다. 포화점에 도달하면 쌀이 더이상 물을 흡수하지 않으므로 쌀을 2시간 이상 물에 담가둘 필요가 없다. 흡수율은 물의 온도와 관계가 있어 온도가 높을수록 포화점까지 도달하는 시간이 짧아진다. 멥쌀의 경우 여름에는 30분(26℃), 겨울에는 90분(6℃)이 소요되어야 포화점에 도달한다. 처음 20분은 물을 급속히 흡수하고 다음 10분은 서서히, 30분 후는 거의 증가하지 않는다.

곡류의 수분 흡수 속도는 수온, 겨층의 유무와 두께, 곡류의 조성 등에 따라 결정된다. 현미의 경우 쌀에 비해 겨층이 두꺼워 흡수속도가 느리며, 아밀로펙틴으로 구성된 찹쌀은 멥쌀에 비해 흡수속도가 빠르며 흡수량이 많다.

4. 고구마의 조리 특성

고구마는 수분을 제외한 나머지 성분이 주로 탄수화물이며 대부분이 전분이고 20%가 맥아당, 자당, 포도당 등 당질이 많아 단맛이 있다. 또한 고구마에 풍부한 전분분해효소인 β-아밀라제는 전분을 가수분해하여 맥아당으로 만들어 더욱 단맛을 증가시킨다. 이러한 현상은 β-아밀라제의 활성 온도인 50~75℃에서 활발히 일어나므로 조리시간을 충분히 지속시키면 맥아당과 포도당 등이 많아져 단맛이 좋아지나 오히려 가열온도가 높고 조리시간이 단축되면 효소의 불활성화를 촉진하게 된다.

햇볕에 말린 고구마나 화덕에 오랜 시간 구운 고구마의 단맛이 증가하는 것도 β-아밀라제의 작용이 충분히 일어났기 때문이다.

물의 첨가량에 따른 도토리묵의 조직감 비교

실험재료	도토리묵 가루	100g(50g × 2)	소금	2g(1g × 2)
	물	5½C(2½C＋3C)		

기구 및 기기	사각틀(10 × 10cm) 2개	작은 냄비 2개
	계량스푼	계량컵
	실리콘 주걱 2개	접시 2개
	칼	전자저울

1. 실험목적

물의 첨가량이 도토리묵의 조직감에 미치는 영향을 알아본다.

2. 실험방법

① 냄비에 다음의 비율로 도토리묵 가루를 용해시켜 현탁액을 만든다.

　　A : 도토리묵 가루 50g + 소금 1/4ts + 물 2½C
　　B : 도토리묵 가루 50g + 소금 1/4ts + 물 3C

② 중간 정도 화력의 불에 올려놓고 바닥에 눌지 않도록 잘 저어가면서 가열한다.

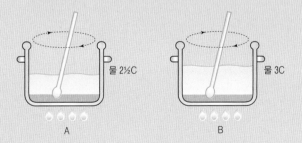

③ ②의 액이 걸쭉해지면 불을 약하게 하고 5분간 뜸을 들인다.
④ 사각틀에 물기를 묻히고 ③의 액을 각각 부어 냉장고에서 식힌다.
⑤ 알맞게 굳으면 그릇을 뒤집어 묵을 꺼내고 적당한 크기로 썰어 단단한 정도는 순위법으로, 탄력성, 휘어짐성, 응집성은 묘사법으로, 전체적인 기호도는 순위법으로 시료 간의 차이를 비교한다.

3. 실험결과

시료	단단한 정도[1]	탄력성[2]	휘어짐성[3]	응집성[4]	전체적인 기호도[5]
A 물 2½C					
B 물 3C					

1) 순위법(단단한 것부터)
2)~4) 묘사법
5) 순위법(좋은 것부터)

한눈에 보이는 실험조리

4. 결론 및 고찰

- 전분의 겔화에 대하여 알아본다.

 참고문헌

조리수에 따른 밥맛의 변화

실험재료	쌀	300g(100g × 3)	식소다	1/2ts
	식초(일반 식초)	4g	물	600mL(200mL × 3)

기구 및 기기	pH 미터(또는 pH 시험지)	계량스푼
	작은 냄비 3개	볼 3개
	메스실린더(200mL)	체 3개
	밥그릇 3개	전자저울
	숟가락 3개	

1. 실험목적

밥맛은 조리수의 pH, 첨가물, 쌀의 품종에 의해 영향을 받으므로 일반 물과 산성수, 알칼리수로 밥을 지었을 때 밥맛의 차이를 비교해 본다.

2. 실험방법

① 쌀 100g씩 3개의 시료를 3회 씻어서 30분간 불린 후 체에 건져 5분간 물기를 뺀다.
② 다음과 같은 조건의 조리수를 만들어 pH를 측정한 후 쌀을 넣고 밥을 짓는다.

   A : 물 200mL
   B : 물 200mL + 식초 4g
   C : 물 200mL + 식소다 1/2ts

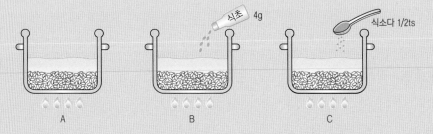

③ 밥이 다 되면 잘 뒤섞어 각각 밥그릇에 담은 후 맛, 색, 광택, 기호도를 평가한다.

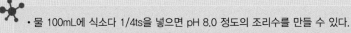

- 물 100mL에 식소다 1/4ts을 넣으면 pH 8.0 정도의 조리수를 만들 수 있다.
- 총산 6~7%의 식초 사용 시 물 100mL에 식초 2g을 넣었을 때 pH 4.0 정도가 된다.

3. 실험결과

시료	조리수의 pH	맛[1]	색[2]	광택[3]	전체적인 기호도[4]
A					
B 식초					
C 식소다					

1)~3) 묘사법
4) 순위법(좋은 것부터)

4. 결론 및 고찰

- 전분의 호화과정에 대하여 알아본다.
- 산과 알칼리가 전분의 호화에 미치는 영향을 알아본다.
- 산과 알칼리가 밥에 미치는 영향을 알아본다.

 참고문헌

실험 3

찹쌀가루와 멥쌀가루의 반죽 비교

실험재료	습식 멥쌀가루	1C(1/2C × 2)	뜨거운 물
	습식 찹쌀가루	1C(1/2C × 2)	찬물
기구 및 기기	볼 4개		손잡이 체망
	냄비 4개		계량컵
	접시 4개		

1. 실험목적

찹쌀가루와 멥쌀가루 반죽의 성상을 비교하고 그 특성을 이해한다.

2. 실험방법

① 수침하여 빻은 습식 멥쌀가루와 찹쌀가루를 각각 1/2C씩 계량하여 뜨거운 물과 찬물을 조금씩
   부어 가면서 반죽이 손에 묻지 않을 정도로 각각 반죽한다.
② 지름 2cm 정도로 둥글게 경단을 빚어 끓는 물에 삶아 떠오르면 10초간 두었다가 건져 찬물에
   식힌 후 탄력과 조직감을 평가한다.

   A : 찹쌀가루 1/2C + 뜨거운 물
   B : 찹쌀가루 1/2C + 찬물
   C : 멥쌀가루 1/2C + 뜨거운 물
   D : 멥쌀가루 1/2C + 찬물

뜨거운 물   찬물

찹쌀
(멥쌀)

찹쌀
(멥쌀)

경단을 만들어
삶는다.

A, C   B, D

수면 위로
떠오른 경단을
꺼낸다.

찬물에
헹군 후
평가한다.

3. 실험결과

시료	탄력[1]	조직감[2]
A 찹쌀가루 + 뜨거운 물		
B 찹쌀가루 + 찬물		
C 멥쌀가루 + 뜨거운 물		
D 멥쌀가루 + 찬물		

1), 2) 묘사법

한눈에 보이는 실험조리

4. 결론 및 고찰

- 찹쌀과 멥쌀의 전분을 비교한다.
- 익반죽에 대하여 알아본다.

 참고문헌

조리방법에 따른 고구마의 당도 비교

실험재료	고구마(굵기가 균일한 것)	450g 이상	정수물	400g

기구 및 기기	당도계	쿠킹호일
	전자저울	쿠킹랩
	오븐	면포 4개
	전자레인지	수저
	찜통	그릇 4개
	강판	꼬치
	도마, 칼	핸드블랜더

1. 실험목적

고구마는 조리방법에 따라 당도가 달라지므로 오븐, 전자레인지, 찜통에 각각 조리하였을 때 당도
의 차이를 비교해 본다.

2. 실험방법

① 고구마를 깨끗이 씻어 양끝을 절단하고 개당 100g이 되도록 4등분한다. 1개의 고구마에서 필요
   수의 시료를 만든다.

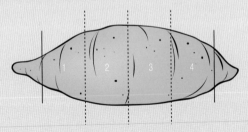

② 시료 1개는 대조군으로 삼고 나머지 3개의 시료는 다음과 같은 조건으로 가열한다. 가열 시간은
   꼬치로 찔러보아 편하게 통과하는 정도로 한다.

- 찜통 : 약 15분
- 전자레인지 : 약 2분
- 오븐 : 약 25분

생고구마 1개는 대조군

    A : 시료를 쿠킹랩으로 싸서 찜통에 찜
    B : 시료를 쿠킹랩에 싸서 전자레인지에 가열
    C : 시료를 쿠킹호일에 싸서 200℃의 오븐에 가열

    A. 찜통   B. 전자레인지   C. 오븐

③ 가열한 A, B, C의 시료는 가열이 완료된 조리시간과 색, 질감 등의 외관을 먼저 평가한다.
④ 생고구마(대조군)는 강판에 갈아 같은 양의 정수물을 넣고, 가열한 A, B, C의 시료는 각각 같은 양의 정수물을 넣어 으깨거나 마쇄한 후, 면포로 걸러 착즙하여 당도를 각각 측정한다.

3. 실험결과

대조군(생고구마) 당도(Brix) :

시료	당도(Brix)[1]	색(윤기)[2]	맛(단맛)[3]	질감[2]	종합적 평가[2]
A 찜통					
B 전자레인지					
C 오븐					

1) 측정량
2) 묘사법
3) 순위법(단맛 순위)

4. 결론 및 고찰

- 고구마의 조리 특성을 알아본다.
- 고구마의 성분과 조리법에 따라 당도가 달라지는 이유를 알아본다.

 참고문헌

밀가루의 조리

4─
밀가루의
조리

학습목적
밀가루의 성분과 특성을 이해하여 조리과정에 활용한다.

학습목표
1 밀가루 단백질의 종류를 이해하고 글루텐 함량을 측정할 수 있다.
2 밀가루의 종류를 이해할 수 있다.
3 글루텐 형성에 영향을 주는 요인과 글루텐에 미치는 첨가물의 영향을 이해할 수 있다.
4 밀가루의 팽창체 종류를 이해할 수 있다.

1. 밀가루의 종류

밀의 종류 중 90% 이상이 보통밀이며 5~7%는 듀럼밀이다. 보통밀은 단백질 함량에 따라 강력분, 중력분, 박력분으로 나누어지며, 듀럼밀은 보통밀에 비해 단백질 함량이 많고 단단한 밀로 노란색을 띤다. 듀럼밀을 가루로 낸 것은 세몰리나semolina라고 하며

표 **4-1** 단백질 함량에 의한 밀가루의 분류

종류	글루텐 함량		성질	용도
	건부율(%)	습부율(%)		
강력분 (bread flour, hard wheat flour)	12 이상	35 이상	경질밀로 만든다. 강한 탄력성과 점성을 가지며 수분 흡착력이 높아 반죽을 구웠을 때 많이 부풀게 한다.	식빵
중력분 (all purpose flour, plain flour)	9~12	25~35 미만	여러 가지 용도로 사용되어 다목적용 밀가루라고 하며 강력분과 박력분 중간의 성질을 가지고 있다.	국수류
박력분 (cake flour, soft wheat flour)	7~9 이하	19~25 미만	연질밀로 만들며 글루텐의 점탄성이 약하고 수분흡착력도 약하다.	케이크, 과자류, 튀김옷

마카로니나 파스타를 만드는 데 사용된다. 제분율은 제분할 때 밀의 총중량에 대한 밀가루의 중량비를 말하며, 밀기울 함유 여부에 따라 밀기울을 제거한 백밀가루와 밀기울 일부가 섞여 있는 통밀가루가 있다.

2. 밀가루의 반죽

1) 글루텐 형성

밀가루에 수분이나 액체를 넣고 반죽을 하면 밀가루 단백질인 글리아딘^{gliadin}과 글루테닌^{glutenin}이 수화되어 점성과 탄력성이 있는 3차원의 망상구조인 글루텐^{gluten}을 형성한다. 이 반죽을 흐르는 수돗물에서 주물러 씻으면 전분은 물에 씻겨 나가고 얻어지는 순수한 글루텐을 습부^{wet gluten}라 하며, 이를 105℃ 건조기에서 항량이 될 때까지 건조한 것을 건부^{dry gluten}라 한다.

2) 글루텐 형성에 영향을 주는 요인

밀가루 반죽에서 강력분은 박력분에 비해 더 많은 수분이 필요하며, 더 단단하고 질긴 반죽이 된다. 밀가루 입자의 크기가 작을수록, 소량씩 물을 가해 반죽할수록 글루텐 형성에 더 효과적이며 물을 넣고 치댈수록 촘촘한 입체적인 망상구조를 형성하나 지나치면 형성된 글루텐 섬유가 늘어나 가늘어지고 끊어져 반죽이 다시 물러진다. 밀가루 반죽은 반죽한 직후보다 적당시간 방치하면 신장성이 증가하며, 반죽혼합물의 온도가 상승하면 단백질의 수화속도가 가속화되고 글루텐 형성속도가 빨라진다.

또한 밀가루의 반죽은 첨가되는 재료에 따라 그 성질이 달라지는데, 주로 지방, 설탕, 소금, 달걀, 팽창제에 의해 영향을 받는다.

(1) 지방

지방은 밀가루 반죽에서 글루텐 표면에 얇은 막을 형성해 글루텐 망상조직의 발달을 억제해 제품을 연화시킨다.

(2) 설탕

설탕은 단맛을 주고 이스트의 발효를 촉진하며 가열하면 캐러멜 반응에 의해 제품에 갈색과 캐러멜향을 부여한다. 또한 설탕은 밀가루 반죽 시 물을 흡수해 글루텐 형성에 이용되는 수분의 양이 부족하게 되므로 글루텐 형성을 억제한다. 그러므로 글루텐을 형성하기 위해서는 설탕을 첨가하지 않을 때보다 더 오래 반죽해야 한다.

설탕의 양이 너무 적으면 제품이 질겨지고, 설탕의 양이 너무 많으면 글루텐 형성이 정상적으로 안 되어 가열 시 가스 팽창에 의한 압력 증가를 견디지 못하여 제품 표면이 갈라지게 된다. 적당량의 설탕 첨가는 글루텐이 연화되면서 팽창제에서 생성된 가스로 인해 제품의 부피가 증가하게 된다.

(3) 소금

소금을 적당량 사용하면 글루텐의 강도를 높여 주고, 과량 사용하면 글루텐을 더욱 강화해 제품이 질겨지게 된다.

(4) 달걀

달걀 단백질이 가열에 의해 응고되면서 글루텐 형성을 도우며, 너무 많은 양이 첨가되면 제품이 질겨질 수 있다.

3) 도우와 배터

밀가루에 50~60% 물을 가해 된 상태로 만든 반죽을 도우dough라고 하며, 배터batter는 가수량을 100~400%로 하여 묽게 만든 반죽이다.

3. 밀가루와 팽창제

밀가루 반죽에 팽창제를 첨가하면 기체를 생성해 반죽을 구웠을 때 잘 부풀고 다공성의 조직감을 갖게 된다. 팽창제는 화학적 팽창제와 생물학적 팽창제로 나누며, 그 특징은 표 4-2와 같다.

베이킹파우더나 식소다^{베이킹소다, 탄산수소나트륨, 중조}와 같은 팽창제가 열에 의해 분해될 때 발생하는 이산화탄소나 암모니아가스 등에 의해 팽창하는 것을 화학적 팽창제라 한다. 식소다는 밀가루 반죽 시 탄산나트륨과 같은 알칼리물질을 발생하며 밀가루의 색소를 누렇게 변하게 한다. 따라서 식소다만 사용할 경우 충분히 부풀지 않거나 알칼리에 의한 쓴맛이 난다. 이 과정에 산성물질을 넣으면 알칼리를 중화하여 색과 맛이 향상되고 이산화탄소를 발생시켜 빵을 부풀게 한다. 베이킹파우더는 식소다와 같은 가스 발생 물질에, 알칼리를 중화시킬 수 있는 산성물질(인산염, 황산염 등), 전분을 혼합하여 만든다. 전분은 습기를 흡수하여 저장 중에 가스 발생이 일어나지 않게 조절한다.

표 4-2 밀가루의 팽창제

종류		특징
화학적 팽창제	베이킹 파우더	• 단일반응 베이킹파우더 : 물에 의해 즉시 이산화탄소가 발생된다. • 이중반응 베이킹파우더 : 물에 의해 1차로 소량의 이산화탄소가 발생하고 열을 받으면 본격적으로 이산화탄소가 발생된다. 황산염, 인산염 베이킹파우더가 있다.
	식소다	• 식소다를 넣고 가열하면 이산화탄소가 발생한다. $$2NaHCO_3 \xrightarrow{\triangle} CO_2\uparrow + H_2O + Na_2CO_3$$ 식소다(탄산수소나트륨)　　　　　　　　탄산나트륨 • 알칼리성인 탄산나트륨은 밀가루의 플라본 색소를 누렇게 변하게 하여 식소다를 첨가한 빵은 색이 누렇게 변한다.
생물학적 팽창제	이스트	• 이스트가 이용하는 영양소는 당인데 치마아제(zymase)가 당을 발효시켜 이산화탄소가 발생된다. $$C_6H_{12}O_6 \xrightarrow{\text{치마아제}\atop\triangle} 2CO_2\uparrow + 2C_2H_5OH$$ 당　　　　　　　　　　　　　알코올 • 이스트 발효의 최적 온도는 25~27℃인데 이 온도보다 상당히 높은 온도에서는 이스트 세포가 파괴되므로 발효가 안 되고 이산화탄소 역시 발생이 안 된다. 그러므로 이스트를 발효시키기 위해서는 온도를 잘 맞춰 주어야 한다.

실험 1

밀가루의 글루텐 함량

실험재료	강력분	100g	물	100mL(50mL × 2)
	박력분	100g		

기구 및 기기	숟가락 2개	면포 2개
	볼 2개	오븐
	전자저울	오븐팬
	메스실린더(50mL)	종이호일
	키친타월	칼

1. 실험목적

밀가루에 물을 넣고 반죽하면 밀가루의 글리아딘과 글루테닌이 서로 연결되어 점성과 탄성을 가진 글루텐이 형성된다. 밀가루는 글루텐 함량에 따라 구분하므로 밀가루 종류별로 글루텐 함량을 측정하고자 한다.

2. 실험방법

① 각각의 밀가루 100g을 정확히 잰다.

　　A : 강력분 100g

　　B : 박력분 100g

② 볼에 밀가루를 담고 물을 약 50mL를 넣어 숟가락으로 둥글게 돌려 가면서 50번을 저어 한 덩어리가 되게 한 후 다시 숟가락을 같은 힘으로 200번 누르고 가끔 뒤집어 가면서 매끈한 덩어리로 반죽한다. 이때 그릇이나 숟가락에 밀가루가 묻지 않도록 주의한다. 젖은 면포를 덮어 10분 휴지한다.

③ 두 겹의 면포에 밀가루 반죽을 잘 싸서 물속에 10분 정도 담가 두었다가 흐르는 수돗물에서 반죽이 흐트러지지 않도록 주의하면서 맑은 물이 나올 때까지 반죽을 주물러 빨아 글루텐을 분리한다.

④ 분리한 글루텐을 손으로 꼭 짜고 키친타월로 물기를 살살 닦아 습부(wet gluten)의 중량을 측정하고 습부율을 계산한다.

$$습부율(\%) = \frac{습부\ 중량(g)}{밀가루\ 중량(g)} \times 100$$

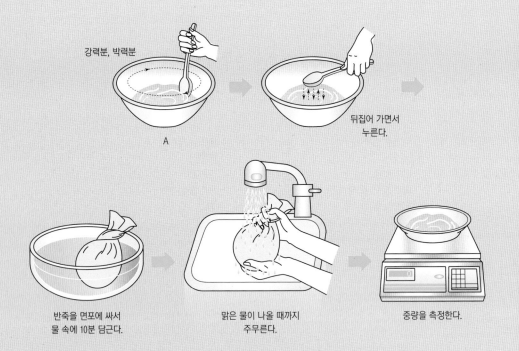

강력분, 박력분

A

뒤집어 가면서
누른다.

반죽을 면포에 싸서
물 속에 10분 담근다.

맑은 물이 나올 때까지
주무른다.

중량을 측정한다.

⑤ 오븐은 220℃에 10분 예열한 후 팬에 종이호일을 깔고 젖은 글루텐을 올려 10분간 구어낸다. 각각의 중량을 측정하며 건부율을 계산하고 단면을 잘라 비교한다.

$$건부율(\%) = \frac{건부\ 중량(g)}{밀가루\ 중량(g)} \times 100$$

3. 실험결과

시료	밀가루 중량 (g)	습부 중량 (g)	습부율 (%)	건부 중량 (g)	건부율 (%)	단면 사진
A 강력분						
B 박력분						

4. 결론 및 고찰

- 밀가루의 종류에 대하여 알아본다.
- 글루텐 형성과정에 대하여 알아본다.

 참고문헌

한눈에 보이는 실험조리

실험 2

국수류를 끓는 물에 삶았을 때 중량 변화

실험재료	스파게티	30g		소면	30g
	당면	30g		물	
기구 및 기기	냄비 3개			면포 또는 키친타월	
	체 3개			전자저울(0.1g 이하)	
	타이머				

1. 실험목적

끓는 물에 국수류를 삶았을 때의 중량 변화에 대하여 관찰하고자 한다.

2. 실험방법

① 각 시료의 중량을 정확히 잰다.

② 냄비에 시료 중량의 20배의 물을 끓이다가 다음과 같이 시료를 넣고 삶는다.

    A : 스파게티 30g

    B : 소면 30g

    C : 당면 30g

③ 시료가 익을 때까지의 시간을 측정하고 찬물에 헹구지 않고 그대로 체에 건져 물기만 제거한 후
   중량을 측정해 다음 식에 의해 중량 증가율을 계산한다.

$$중량\ 증가율(\%) = \frac{삶은\ 후\ 중량(g) - 삶기\ 전\ 중량(g)}{삶기\ 전\ 중량(g)} \times 100$$

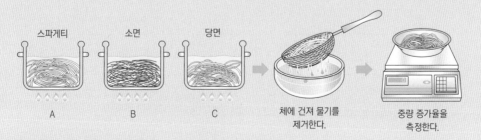

④ 시료의 색은 묘사법으로 평가하고 탄력성은 순위법으로 평가한다.

3. 실험결과

🧪 끓는 물에 삶았을 때 파스타와 소면, 당면의 중량 변화

시료	국수가 익기까지의 시간(분)	삶기 전의 중량(g)	삶은 후의 중량(g)	중량 증가율(%)	색[1]	탄력성[2]
A 스파게티						
B 소면						
C 당면						

1) 묘사법
2) 순위법(좋은 것부터)

🧪 파스타와 소면, 당면의 중량 증가율

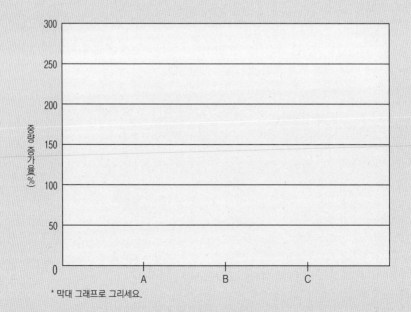

* 막대 그래프로 그리세요.

한눈에 보이는 실험조리

4. 결론 및 고찰

- 각 시료를 끓는 물에 삶은 후 중량 변화를 비교한다.
- 각 국수류의 특징을 알아본다.

 참고문헌

지방 첨가량에 따른 비스킷의 연화효과

실험재료				
	밀가루(중력분)	2C(1C × 2)	우유	1/2C(1/4C × 2)
	소금	1ts(1/2ts × 2)	버터	7Ts(1Ts + 6Ts)
	베이킹파우더	1ts(1/2ts × 2)	밀가루(덧가루용)	2Ts

기구 및 기기		
	오븐	타이머
	쿠키 팬	포크
	볼 2개	자
	도마	체
	밀대	계량컵
	종이호일	계량스푼
	비스킷 커터기	

1. 실험목적

지방은 글루텐이 형성되는 것을 방해한다. 지방의 첨가량이 비스킷의 연화에 미치는 영향을 알아보고자 한다.

2. 실험방법

① 밀가루, 소금, 베이킹파우더를 함께 체에 친다.
② ①에 버터를 넣고 포크로 밀가루와 고르게 섞는다.
③ 우유를 넣고 다시 포크로 섞어 반죽이 한 덩어리가 되게 뭉친다.

　　A : 밀가루 1C + 소금 1/2ts + 베이킹파우더 1/2ts + 우유 1/4C + 버터 1Ts
　　B : 밀가루 1C + 소금 1/2ts + 베이킹파우더 1/2ts + 우유 1/4C + 버터 6Ts

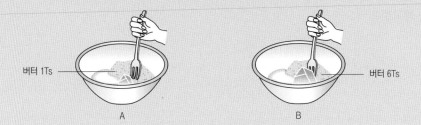

버터 1Ts　　　　　　　　　　　　　　　　　버터 6Ts

A　　　　　　　　　　　　　　　　B

④ 밀가루를 뿌린 도마 위에 반죽을 올려놓고 시료마다 반죽 횟수를 동일하게 하여 가볍게 반죽한다.

⑤ 반죽을 1.5cm 두께로 밀어 비스킷 커터기로 잘라낸다.

⑥ 쿠키 팬에 종이호일을 깔고 2~3cm의 간격으로 반죽을 놓고 200℃의 온도에서 10~15분간 굽는다.

⑦ 쿠키의 맛과 색을 묘사법으로 평가하고, 연화 정도와 전체적인 기호도는 순위법으로 평가한다.

3. 실험결과

시료	맛[1]	색[2]	연화 정도[3]	전체적인 기호도[4]
A 버터 1Ts				
B 버터 6Ts				

1), 2) 묘사법
3) 순위법(부드러운 것부터)
4) 순위법(좋은 것부터)

4. 결론 및 고찰

- 밀가루 반죽에서 글루텐 형성에 영향을 미치는 첨가물에 대하여 알아본다.

 참고문헌

실험 4

반죽 조건을 달리한 도넛의 품질 비교

실험재료				
실험재료	밀가루(중력분)	27C(3C × 9)	버터	9Ts(1Ts × 9)
	베이킹파우더	9Ts(1Ts × 9)	달걀	9개(50g 크기)
	소금	4½ts(1/2ts × 9)	식용유	1L
	설탕	4½C(1/2C × 9)	밀가루(덧가루용)	9Ts
	우유	4½C(1/2C × 9)		
기구 및 기기	도넛 커터기		밀대	
	튀김팬		나무주걱	
	튀김망		온도계(200℃)	
	볼 9개		계량컵	
	체		계량스푼	
	도마			

1. 실험목적

밀가루의 첨가물이 도넛의 조직감에 주는 영향을 알아보고자 한다.

2. 실험방법

① 베이킹파우더를 밀가루에 넣고 체로 두 번 친다.
② 다른 그릇에 버터와 설탕을 잘 으깬 다음 우유, 소금, 달걀을 잘 섞어 넣는다.
③ ②에 ①을 넣어 가면서 잘 섞는다. 이때 될 수 있으면 가볍게 섞는다.
④ 바닥에 밀가루(덧가루)를 살짝 뿌리고 밀대로 1cm의 두께가 되도록 민다.
⑤ 도넛 커터기로 모양을 찍는다.
⑥ 기름 온도가 170~180℃ 되면 도넛을 넣고 한 면이 튀겨지면 뒤집어 다시 튀긴다.

- 설탕의 변화[B가 기본]
  A : 밀가루 3C + 베이킹파우더 1Ts + 소금 1/2ts + 버터 1Ts + 달걀 1개 + 우유 1/2C
  B : 밀가루 3C + 베이킹파우더 1Ts + 소금 1/2ts + 버터 1Ts + 달걀 1개 + 우유 1/2C + 설탕 1/2C
  C : 밀가루 3C + 베이킹파우더 1Ts + 소금 1/2ts + 버터 1Ts + 달걀 1개 + 우유 1/2C + 설탕 1C

- 버터의 변화[E가 기본]
  D : 밀가루 3C + 베이킹파우더 1Ts + 소금 1/2ts + 설탕 1/2C + 달걀 1개 + 우유 1/2C
  E : 밀가루 3C + 베이킹파우더 1Ts + 소금 1/2ts + 설탕 1/2C + 달걀 1개 + 우유 1/2C + 버터 1Ts
  F : 밀가루 3C + 베이킹파우더 1Ts + 소금 1/2ts + 설탕 1/2C + 달걀 1개 + 우유 1/2C + 버터 2Ts

■ 달걀의 변화[H가 기본]
　G : 밀가루 3C + 베이킹파우더 1Ts + 소금 1/2ts + 설탕 1/2C + 버터 1Ts + 우유 1/2C + 물 50g
　H : 밀가루 3C + 베이킹파우더 1Ts + 소금 1/2ts + 설탕 1/2C + 버터 1Ts + 우유 1/2C + 달걀 1개
　 I : 밀가루 3C + 베이킹파우더 1Ts + 소금 1/2ts + 설탕 1/2C + 버터 1Ts + 우유 1/2C + 달걀 2개

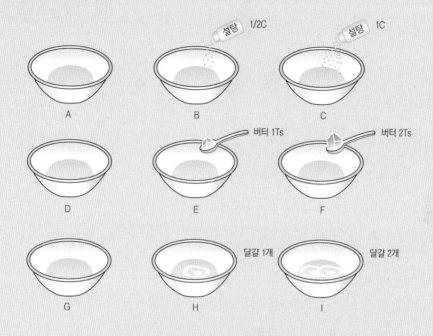

⑦ 도넛의 외관, 조밀도, 연한 정도, 향미와 팽창 정도는 묘사법으로 평가하고, 전체적인 기호도는
　순위법으로 평가한다.

　• G : 달걀이 없는 반죽으로 반죽이 너무 되면 반죽 중에 물을 첨가한다.
　• C, I : 반죽이 묽어서 도넛 형태를 만들기 어려우면, 반죽을 스푼으로 떠서 방울 모양의 도넛 형태로 튀긴다.
　• 도넛을 튀길 때 한 면이 갈색이 될 때까지 튀기고 뒤집어 튀기되 자주 뒤집지 않도록 한다.

3. 실험결과

🧪 설탕의 변화

시료	외관[1]	조밀도[2]	연한 정도[3]	향미[4]	팽창 정도[5]	전체적인 기호도[6]
A						
B 설탕 1/2C						
C 설탕 1C						

1)~5) 묘사법
6) 순위법(좋은 것부터)

🧪 버터의 변화

시료	외관[1]	조밀도[2]	연한 정도[3]	향미[4]	팽창 정도[5]	전체적인 기호도[6]
D						
E 버터 1Ts						
F 버터 2Ts						

1)~5) 묘사법
6) 순위법(좋은 것부터)

🧪 달걀의 변화

시료	외관[1]	조밀도[2]	연한 정도[3]	향미[4]	팽창 정도[5]	전체적인 기호도[6]
G						
H 달걀 1개						
I 달걀 2개						

1)~5) 묘사법
6) 순위법(좋은 것부터)

4. 결론 및 고찰

- 밀가루 반죽에서 첨가 재료(설탕, 버터, 달걀)의 기능을 알아본다.

 참고문헌

한눈에 보이는 실험조리

실험 5

찐빵에 첨가한 팽창제의 특성 비교

실험재료	밀가루(중력분)	200g(50g × 4)	식소다	2g(1g × 2)
	물	110g(30g × 3, 20g × 1)	식초	10g
	베이킹파우더	2g		

기구 및 기기	볼 4개	찜통
	체	수저
	전자저울	칼
	면포(혹은 실리콘찜시트)	

1. 실험 목적

화학적 팽창제인 베이킹파우더와 식소다를 밀가루 반죽에 사용했을 때 결과의 차이를 비교하여 각각의 특성을 이해한다.

2. 실험방법

① 중력분, 베이킹파우더, 식소다, 물, 식초를 각각 계량해 놓는다.
② 계량한 중력분과 팽창제를 체에 내려 볼에 담고 물을 넣어 수저로 섞은 뒤 양손으로 번갈아 쥐며 50회 반죽하여 동그란 찐빵 모양으로 만든다.
③ 찜통에 물이 끓으면 젖은 면포나 실리콘찜시트를 깔고 반죽을 넣은 후 면포와 뚜껑을 덮고 15분간 중불에서 찐다.
④ 찐빵을 꺼내 20분간 식힌다.
⑤ 찐빵 외관의 부푼 정도와 색을 살피고 반으로 잘라 향미, 맛, 단면상태와 기호도를 평가한다.

  A : 중력분 50g + 물 30g
  B : 중력분 50g + 물 30g + 베이킹파우더 2g
  C : 중력분 50g + 물 30g + 식소다 1g
  D : 중력분 50g + 물 20g + 식소다 1g + 식초 10g

베이킹파우더 2g   식소다 1g   식소다 1g + 식초 10g

A   B   C   D

• 식초를 넣는 시료는 물의 양을 식초의 양만큼 감소시킨다.

3. 실험결과

시료	부푼 정도[1]	색[2]	향미[3]	맛[4]	단면상태[5]	기호도[6]
A						
B 베이킹파우더						
C 식소다						
D 식소다 + 식초						

1)~5) 묘사법
6) 순위법(좋은 것부터)

4. 결론 및 고찰

- 제과제빵에서 화학적 팽창제인 베이킹파우더와 식소다를 사용했을 때 결과의 차이를 비교한다.
- 밀가루 팽창제인 베이킹파우더와 식소다의 성분과 특성을 이해한다.

 참고문헌

당류의 조리

5 —
당류의
조리

학습목적

당의 종류와 용해도를 이해하고 결정화, 비결정화의 대표적인 캔디를 제조함으로써
설탕용액의 포화도에 따른 용액 특성을 이해하고 조리에 활용한다.

학습목표

1 당의 종류를 이해할 수 있다.
2 당의 용해도에 미치는 요인을 이해하고 설탕용액의 끓는점을 알 수 있다.
3 포화도에 따라 설탕용액을 분류할 수 있다.
4 당의 결정화에 미치는 요인을 이해할 수 있다.
5 결정형 캔디와 비결정형 캔디를 분류할 수 있다.

1. 당의 종류

탄수화물에는 단당류, 이당류, 소당류, 다당류가 있으며, 그중 단당류와 이당류는 물
에 용해되고 단맛을 가지고 있으므로 당이라고 한다. 단당류에는 포도당, 만노오스
monnose, 과당, 갈락토오스가 있고, 이당류에는 설탕, 맥아당, 유당이 있다.

주로 조리에 사용되는 당은 설탕과 올리고당이다. 설탕의 종류는 표 5-1과 같고, 설
탕의 식품 가공상 특성은 표 5-2와 같다. 올리고당은 당질원료에서 얻은 당액을 가공
한 것으로 올리고당의 종류별 제품의 특성은 표 5-3과 같다.

표 **5-1** 설탕의 종류와 특징 및 용도

종류	특징 및 용도
백설탕(white sugar)	가장 많이 사용되고 있으며 작은 입자의 순도 높은 설탕
갈색설탕(brown sugar)	독특한 미각으로 풍미를 돋우어주며 제과, 제빵, 요리용으로 사용
흑설탕(dark brown sugar)	무기질이 함유되어 있어 조리에 이용 시 특유의 맛을 냄
분당(powdered sugar)	빙과류, 껌, 양과자 등에 사용되는 밀가루형으로 분쇄한 설탕
굵은 정백당(crystal sugar)	입자가 가장 큰 것으로 특수제과용으로 사용되는 설탕
각설탕(cube sugar)	사각 형태로 굳힌 설탕으로 커피, 차나 조리용으로 사용
빙당(rock sugar)	얼음 모양으로 고결시킨 설탕으로 과실주 등에 사용
과립당(frost sugar)	냉음료, 과일의 드레싱용으로 사용되는 다공질 과립 형태의 설탕
커피용 슈가(coffee sugar)	캐러멜향을 첨가한 커피 전용의 연다갈색 설탕

자료 : 대한제당협회(http://www.sugar.or.kr)

표 **5-2** 설탕의 식품 가공상 특성

항목	내용	용도
전분의 노화 방지	전분에 설탕을 가하면 전분이 노화하면서 건조되는 현상을 막아 음식물 본래의 말랑말랑한 성질을 보존함	밥, 빵, 떡의 건조 방지
젤리력	과일에 포함된 펙틴이나 유기산이 설탕과 협력해 수분을 품은 상태로 젤리가 됨	젤리, 잼, 마멀레이드 제조
지방의 산화 방지	진한 설탕용액에는 산소가 용해하기 쉽기 때문에 산화를 방지할 수 있음	과자, 분유 등에 사용
부패 방지	진한 설탕용액은 삼투압이 높아 방부성을 가지고 있음	연유, 잼
발효성	설탕은 효모에 의해서 발효됨	과실주, 빵 제조
캐러멜 반응	설탕을 180℃ 이상으로 가열하면 포도당과 과당으로 분해되고, 계속 가열 시 점차 갈색으로 변해 최후에는 캐러멜이 됨	캐러멜 및 과자 제조
조형성	곡분 가공 시 설탕을 섞어 구우면 조형성이 좋아짐	빵, 과자 제조
거품 유지	생크림과 달걀 흰자위로 크림 제조 시 설탕을 가하면 수분을 흡수하여 거품을 잘 일게 하고 거품을 오래 보전함	크림 제조
발향, 발색	설탕은 단백질과 아미노산 반응을 해 향과 색깔을 띠게 함	과자 제조
맛의 상승작용	설탕은 다른 맛과 혼합 시 다른 맛을 완화하고 감미롭게 하는 작용이 있음	커피, 귤에 설탕 첨가, 생선, 육류 조리 시 설탕 첨가

자료 : 대한제당협회(http://www.sugar.or.kr)

한눈에 보이는 실험조리

표 **5-3** 올리고당의 종류와 특징

종류	특징
프락토올리고당	당질원료를 이용하여 1개 이상의 과당분자가 결합되도록 효소를 작용시켜 얻은 당액이나 당질원료 효소를 이용하여 얻은 당액을 여과, 정제, 농축한 액상 또는 분말상의 올리고당
이소말토올리고당	당질원료를 포도당분자가 분지결합의 기본구조를 갖도록 효소를 작용시켜 얻은 당액을 여과, 정제, 농축한 액상 또는 분말상의 올리고당
갈락토올리고당	당질원료를 이용하여 효소를 작용시켜 얻은 전이갈락토올리고당액 또는 사탕무, 대두 등에서 추출한 라피노스, 스타키오스의 당액을 여과, 정제, 농축한 액상 또는 분말상의 올리고당
말토올리고당	당질원료를 이용하여 3~10개의 포도당분자가 직쇄 결합되도록 효소를 작용시켜 얻은 당액을 가공한 액상 또는 분말상의 올리고당
자일로올리고당	자일란 또는 자일란원료에 효소를 작용시켜 얻은 당액을 여과, 정제, 농축한 액상 또는 분말상의 올리고당
겐티오올리고당	당질원료에 포도당 분자가 베타 결합되도록 효소 처리하여 얻어진 당액을 여과, 정제, 농축한 올리고당

자료 : 식품공전, 2015

2. 당의 용해성

일반적으로 물의 온도가 상승할수록 용해도가 증가한다. 대부분의 당이나 소금은 용해될 때 열을 흡수하므로 온도가 상승할수록 용해도가 증가한다. 설탕은 0℃에서 100mL의 물에 179g이 용해되지만, 100℃에서는 487g이 용해된다. 용질의 크기에도

표 **5-4** 설탕용액의 포화도에 따른 분류

종류	특징 및 용도
불포화용액	일정한 온도에서 용매에 용질이 더 용해될 수 있는 상태의 용액으로 용매가 최대한의 용질을 함유하지 못했기 때문에 용질을 더 많이 녹일 수 있는 용액
포화용액	용매가 녹일 수 있는 최대량의 용질을 함유한 용액으로 일정한 온도에서 용질이 용액으로 되려는 경향과 용액이 용질로 되돌아가려는 경향이 같은 상태에 있는 용액
과포화용액	일정 온도에서 용매에 용해될 수 있는 용질 이상을 함유한 용액으로 포화용액보다 더욱 많은 용질을 함유함. 과포화용액을 저어 주거나 충격을 가하면 결정이 생성되는데, 이러한 결정은 과잉의 용질이 용액의 온도가 저하됨에 따라 서서히 생성되며, 이 성질을 이용하여 결정형 캔디를 만듦

영향을 미치므로 결정의 크기가 미세할수록 용해도가 증가한다. 용액 내에 초산칼륨, 소금 같은 염류가 존재하면 용해도는 상승한다. 설탕용액의 포화도에 따른 분류는 표 5-4와 같다.

3. 설탕용액의 끓는점

설탕용액은 순수한 물보다 끓는점이 높으며 농도가 높아짐에 따라 끓는점이 상승한다. 물 1L에 설탕 1mole^{342g}이 녹아 있을 때 끓는점이 0.52℃ 상승하고, 어는점은 1.86℃씩 감소한다. 설탕용액의 농도와 끓는점의 관계는 표 5-5와 같다.

4. 캐러멜화

설탕의 융점은 순도가 높을수록, 수분 함량이 적을수록 높다. 설탕을 융점 이상 가열하면 170℃에서 수분을 잃고 캐러멜을 형성한다. 즉, 탈수작용에 의해 히드록시 메틸 퍼퓨럴$^{Hydroxy Methyl Furfural ; HMF}$을 생성하며, 이 생성물은 다시 중합해 흑갈색의 중합 생성물을 형성하는데 이것이 캐러멜이다.

표 **5-5** 설탕용액의 농도별 끓는점

설탕 농도(%)	끓는점(℃)	설탕 농도(%)	끓는점(℃)
10	100.4	60	103.0
20	100.6	70	106.5
30	101.0	80	112.0
40	101.5	90	130.0
50	102.0		

5. 결정화

설탕용액을 가열한 후 냉각하면 용해도가 낮아져서 과포화된 부분이 용액 중에서 핵을 형성하기 시작하고 그 후 결정이 석출된다. 즉, 과포화용액 내 용질이 핵이 되어 그 핵을 중심으로 산포물질이 질서정연하게 붙어 일정한 모양의 결정이 형성되는 현상을 결정화라고 한다. 이때 빠른 속도로 핵을 형성시키기 위해 미리 고운 결정을 넣어주는데, 이를 시딩seeding이라고 한다.

과포화상태의 용액은 용해되어 있는 산포물질이 용해되어 있을 수 있는 이상으로 존재하므로 다시 고체의 물질로 되돌아가려는 경향이 크기 때문에 핵이 형성된다. 이러한 현상은 당용액으로 시럽, 캔디, 케이크 프로스팅cake frosting 등을 만들 때 나타난다. 결정화를 이용한 캔디를 결정형 캔디라고 하며, 그 종류에는 퐁당fondant, 퍼지fudge 등이 있다.

비결정형 캔디는 결정형 캔디에 비해 가열온도가 훨씬 높아 설탕의 농도가 90% 이상이다. 이와 같이 높은 농도에서는 점성이 매우 높기 때문에 결정의 형성이 불가능하므로 무정형 상태로 된다. 비결정형 캔디는 끈적끈적한 캐러멜caramel, 단단한 브리틀brittle, 부풀린 것으로 마시멜로marshmallow의 형태가 있다.

결정을 방지하려면 다량의 포도당, 물엿 등의 다른 물질을 첨가해야 한다.

시럽을 만들 때 설탕용액을 높은 온도에서 저어주면 단시간에 결정이 생긴다. 따라서 시럽을 만들 때에는 저어주지 말고 그대로 설탕을 녹인다. 설탕 이외의 이물질이 존재하면 결정이 어려워진다. 이물질이 결정 표면에 흡착함으로써 결정이 형성되는 것을 억제하기 때문이다. 시럽을 만들 때 물엿을 넣어주면 물엿 내 과당과 포도당이 시럽의 결정화를 방지하므로 시럽이 매끄럽게 된다.

정과류는 설탕을 이용하여 당도가 65% 이상이 되게 만든 것이므로 저장성을 가진다. 정과에 쓰는 과일로는 유자, 모과 등 식이섬유가 많거나 단단하고 껍질이 있는 것이 좋고, 뿌리 식물로는 연근, 무, 당근, 인삼, 도라지, 생강, 우엉 등을 많이 활용한다.

제조방법에 따른 시럽의 품질 평가

실험재료	설탕	2C(1/2C × 4)		물	2C(1/2C × 4)
	물엿	4Ts(2Ts × 2)			

기구 및 기기	온도계(200℃) 4개	계량컵
	나무주걱 2개	계량스푼
	냄비 4개	

1. 실험목적

시럽은 우리 음식에서 집청용이나 음료의 단맛을 내기 위해 많이 이용되고 있다. 시럽의 제조방법이 시럽의 품질에 미치는 영향을 알아보고자 한다.

2. 실험방법

① 깨끗한 냄비에 각 시료를 넣고 시럽의 온도가 103℃가 될 때까지 주어진 방법대로 젓거나 젓지 않고 끓이고 그 온도에 도달하면 냄비를 불에서 내려놓는다.

A : 설탕 1/2C+물 1/2C(젓지 않고 끓임)
B : 설탕 1/2C+물 1/2C(저으면서 끓임)
C : 설탕 1/2C+물 1/2C+물엿 2Ts(젓지 않고 끓임)
D : 설탕 1/2C+물 1/2C+물엿 2Ts(저으면서 끓임)

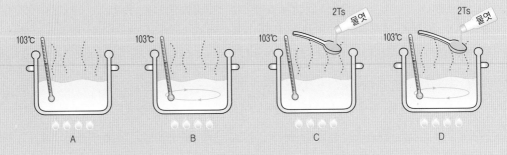

② 각 시료가 실온상태가 되면 결정의 형성 유무를 관찰하여 표시한다.

3. 실험결과

시료	설탕 결정의 유무
A 설탕 1/2C+물 1/2C (젓지 않고 끓임)	
B 설탕 1/2C+물 1/2C (저으면서 끓임)	
C 설탕 1/2C+물 1/2C+물엿 2Ts (젓지 않고 끓임)	
D 설탕 1/2C+물 1/2C+물엿 2Ts (저으면서 끓임)	

4. 결론 및 고찰

- 설탕용액의 농도별 끓는점에 대해 알아본다.
- 시럽 제조의 원리에 대해 알아본다.
- 시럽 제조 시 설탕용액을 젓지 않고 끓인다. 그 이유에 대해 알아본다.
- 결정 형성 방해 물질에 대해 알아본다.

 참고문헌

첨가물에 의한 무정과의 품질 비교

실험재료	무	600g(200g × 3)	물엿	1Ts
	물	3C(1C × 3)	올리고당	1Ts
	설탕	1½C(1/2C × 3)	소금	약간
기구 및 기기	냄비 3개		타이머	
	전자저울		자	
	계량컵		계량스푼	

1. 실험목적

첨가물과 가열시간이 정과의 조직감에 미치는 영향을 알아본다.

2. 실험방법

① 무는 껍질을 제거하고 2 × 5 × 1cm 크기로 일정하게 썰어 놓는다.

② 끓는 물에 소금을 넣어 20초 동안 데친다.

③ 냄비에 물과 설탕을 넣고 끓여서 물이 반으로 줄면 데쳐낸 무를 다음 세 가지 조건으로 넣는다.

    A : 무 200g + 물 1C + 설탕 1/2C
    B : 무 200g + 물 1C + 설탕 1/2C + 물엿 1Ts
    C : 무 200g + 물 1C + 설탕 1/2C + 올리고당 1Ts

④ 물엿과 올리고당은 무를 넣고 졸이면서 넣는다.

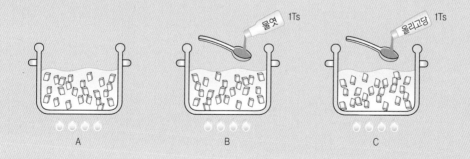

⑤ 약한 불에서 물기가 거의 없어질 때까지 윤기 나게 졸여 무정과를 만든다. 이때 무를 넣고 졸인 시간을 측정한다.

⑥ 무정과를 식혀서 색, 맛, 조직감은 묘사법으로 평가하고, 전체적인 기호도는 순위법으로 평가한다.

• 정과는 졸일 때 불 조절이 매우 중요하다. 아주 약한 불에서 서서히 졸여야 당이 재료에 충분히 스며든다.

한눈에 보이는 실험조리

3. 실험결과

시료	졸인 시간 (분)	색[1]	맛[2]	조직감[3]	전체적인 기호도[4]
A 설탕 1/2C					
B 설탕 1/2C +물엿 1Ts					
C 설탕 1/2C +올리고당 1Ts					

1)~3) 묘사법
4) 순위법(좋은 것부터)

4. 결론 및 고찰

- 정과의 종류 및 제조방법에 대하여 알아본다.

 참고문헌

설탕의 결정화와 비결정화를 이용한 퐁당과 캐러멜 비교

실험재료	• 퐁당			
	설탕	200g	물	120g
	• 캐러멜			
	설탕	200g	이소말토올리고당	80g
	가당연유	80g	생크림	200g
	버터	30g		

기구 및 기기	냄비 2개	칼
	나무주걱	접시
	온도계(200℃) 2개	도마
	전자저울	종이호일

1. 실험목적

결정형 캔디인 퐁당과 비결정형 캔디인 캐러멜을 만들어 비교해 보고 각각의 특징과 제조 원리를 이해한다.

2. 실험방법

1) 퐁당 만들기

① 깨끗한 냄비에 설탕 200g과 물 120g을 넣어 뚜껑을 덮고 5분간 끓인 후 뚜껑을 열고 충분히 농축될 때까지 젓지 말고 113℃까지 끓인다.

② 접시에 물을 바른 후 끓인 시료를 부어 40℃로 냉각시킨 후 나무주걱으로 시럽이 하얗게 될 때까지 빠르게 젓는다.

　　A : 설탕 200g + 물 120mL → 113℃까지 가열 → 40℃로 냉각 → 빠르게 저어줌

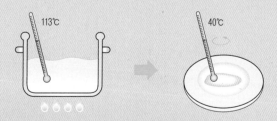

③ 핵이 형성될 때까지의 시간을 측정하고, 직경 1.5cm 정도의 캔디 볼을 만들어 색, 맛, 조직감을 묘사법으로 평가한다.

2) 캐러멜 만들기

① 냄비에 설탕 20g, 이소말토올리고당 80g, 가당연유 80g을 넣고 중약불에서 갈색이 날 때까지 끓인다.

② 여기에 생크림 200g을 넣고 116℃가 될 때까지 끓인 후 버터를 넣고 120℃까지 가열한다.

  B : 설탕 200g + 이소말토올리고당 80g + 가당연유 80g → 중약불에서 가열 → 생크림 200g → 116℃까지 가열 → 버터 30g → 120℃까지 가열

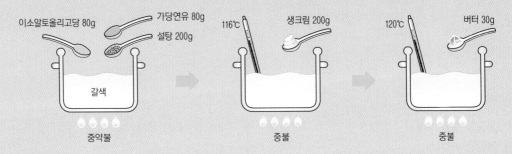

③ 종이호일에 위의 내용물을 부어 식힌다.

④ 절반 정도 굳었을 때 한입 크기로 잘라 마저 굳힌 후 색, 맛, 조직감을 묘사법으로 평가한다.

3. 실험결과

시료	색[1]	맛[2]	조직감[3]
A 퐁당			
B 캐러멜			

1)~3) 묘사법

- 캐러멜을 자를 때 칼을 뜨거운 물에 담갔다가 사용하면 쉽게 자를 수 있다.
- 냉수시험(cold water test)이란 캔디를 만들 때 온도계 없이 조리 온도나 시럽의 농도를 알기 위해 끓인 시럽을 조금 떠서 냉수에 떨어뜨려 보는 것이다. 캐러멜은 냉수에 떨어뜨리면 갈색의 점성이 있는 액체 형태가 된다.

4. 결론 및 고찰

- 결정형 캔디인 퐁당과 비결정형 캔디인 캐러멜의 특성을 비교해 본다.
- 결정형 캔디와 비결정형 캔디의 제조원리를 알아본다.

 참고문헌

한눈에 보이는 실험조리

수조육류의 조리

6 ─ 수조육류의 조리

학습목적
대표적인 단백질 식품인 육류의 조리 특성을 이해하고, 조리과정에 대하여 알아본다.

학습목표
1 습열, 건열 조리방법과 종류를 비교·설명할 수 있다.
2 고기의 연화와 관계있는 요인을 설명할 수 있다.

1. 수조육류의 분류

1) 수육류

(1) 소고기

국내산 소고기의 경우 한우, 육우, 젖소가 있으며 한우의 육질등급은 근내지방도, 육색, 지방색, 성숙도, 조직감에 따라 1++등급, 1+등급, 1등급, 2등급, 3등급 및 등외등급으로 나눈다.

　살코기에 지방조직이 미세하고 고르게 분포된 것을 마블링marbling, 근내지방이라고 하며, 이는 고기의 품질을 결정하는 요소이다. 수입산은 미국산과 호주산이 있으며 프라임prime, 초이스choice, 셀렉트select를 비롯한 8등급으로 나눈다. 소고기의 부위별 명칭과 조리 종류는 다음과 같다.

- 안심 : 소고기의 가장 맛있는 부분으로 육질이 연하고 풍미가 있어 구이, 전골, 스테이크, 로스용으로 쓰인다.
- 제비추리 : 안심 중에서도 가장 맛있는 부위로 붉은색이 짙으며 소 한 마리에서 1kg 남짓 나온다.
- 등심 : 비육이 잘 된 소의 등심은 고기 속에 마블링이 박혀 있다. 구우면 이 지방이 녹으면서 고기가 연해지고 맛이 좋아진다. 구이, 스테이크용으로 쓰이는 고급육이다.
- 목심 : 결체조직이 많아 육질이 질기고 지방이 적다. 조림, 편육, 햄버거용으로 쓰인다.
- 갈비 : 13개의 갈비뼈와 주변 살로 이루어져 있으며 육질이 근육조직과 지방조직 등 삼중으로 형성되어 특이한 맛을 낸다.
- 사태 : 근육질로 되어 있고 고기 결이 곱다. 육회, 탕, 찜, 스튜용으로 많이 쓰인다.
- 아롱사태 : 사태 중에서 굵은 근속으로 된 부위를 말하며 제비추리 등과 함께 최고급 육으로 친다.
- 양지 : 지방과 근육막이 많이 있어 국거리, 스튜, 분쇄육 등으로 적합하다.
- 차돌박이 : 양지 속에 박힌 희고 단단하며 기름진 부분으로 구우면 쫄깃쫄깃한 맛을 낸다.
- 채끝 : 비육이 잘된 소의 채끝은 마블링이 잘 되어 있다.

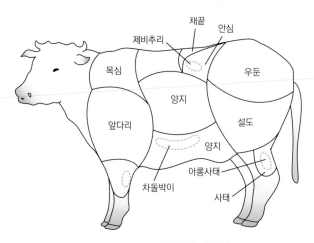

그림 6-1 소고기의 부위에 따른 명칭

한눈에 보이는 실험조리

- 우둔 : 고기의 결이 굵지만 근육막이 적어 연하다. 산적, 장조림, 육포, 불고기용으로 쓰인다.
- 설도 : 채끝에 가까운 보섭살은 맛이 좋아 스테이크용으로 인기가 높다.

(2) 돼지고기

돼지고기의 육질등급은 삼겹살의 상태, 고기의 색깔, 지방의 침착 정도 등에 따라 1+등급, 1등급, 2등급, 등외등급의 4개 등급으로 나뉜다.

살코기는 밝은 분홍색의 윤기 나고 탄력 있는 것이 좋고, 지방은 흰색으로 단단한 것이 좋다.

돼지고기는 소고기에 비해 결합조직이 적고 지방 함량이 많아 비교적 연하고 부드럽다. 돼지고기의 불포화지방산인 리놀레산은 융점이 낮아 입안에서 부드럽게 녹으며, 살코기에는 비타민 B_1이 풍부하다. 부위별 명칭과 조리 종류는 다음과 같다.

- 목심 : 등심에서 목 쪽으로 이어지는 부위로 여러 개의 근육이 모여 있다. 근육막 사이에 지방이 적당히 박혀 있어 풍미가 좋다. 구이로 이용된다.
- 갈비 : 근육 내 지방이 잘 박혀 있어 풍미가 좋다. 바비큐, 불갈비, 갈비찜에 이용된다.
- 등심 : 여러 개의 근육이 모여 생긴 곳으로 그물 모양의 지방으로 싸여 있으나 소의 등심에 비해 마블링이 없는 편이다.

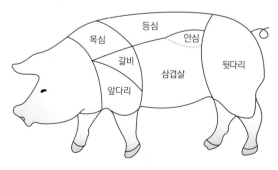

그림 6-2 돼지고기의 부위에 따른 명칭

- 뒷다리 : 표면 전체가 피하지방에 싸여 있으나 시중에서 파는 상품은 이 지방을 떼어낸 상태이다. 기름이 거의 없어 지방 함유량이 적다.
- 안심 : 근섬유가 점점이 흩어져 있어 돼지고기 중에서 최고의 육질로 꼽힌다. 단백질이 많고 지방은 적으며 맛은 약간 담백하다.
- 삼겹살 : 지방과 붉은 살코기가 세 겹의 층을 이루고 있으며, 육질은 약간 단단하다.

2) 조육류

(1) 닭고기

닭고기는 근섬유가 미세하여 부드럽고, 지방이 적어 맛이 담백하다. 닭고기의 품질은 1+등급, 1등급, 2등급으로 구분하며 부위별로 판매하고 있으므로 용도에 맞게 활용하면 된다. 부위별 명칭은 다음과 같다.

- 다리살 : 단백질, 지방, 철분이 많고 맛이 좋은 편이다. 지방은 대부분 껍질에 있어 지방을 싫어하면 껍질을 벗기고 먹는다. 운동을 많이 하는 부위로 탄력이 있고 육질이 단단하며 지방과 단백질이 조화를 이루어 쫄깃쫄깃하다.

그림 6-3 닭고기의 부위에 따른 명칭

한눈에 보이는 실험조리

- 날개살 : 날개 끝살과 나머지 부분으로 구분한다. 날개 끝살은 지방과 콜라겐이 많으며 나머지 부분은 단백질이 많고 연해서 씹기에 좋다. 지방이 적어 맛은 담백하나 진한 맛이 부족하다. 살은 적으나 뼈 주위에 팩틴질이 많아 육수를 만들면 감칠맛이 있다. 피부 노화를 방지하고 피부를 윤택하게 해주는 콜라겐 성분이 다량 함유되어 있다.
- 안심 : 가슴살 안쪽의 고기로 담백하고 지방이 거의 없다. 닭고기 중에서 육질이 가장 연하고 맛도 담백하다.
- 가슴살 : 지방이 매우 적고 맛이 담백해 다이어트용으로 적합하고 회복기 환자나 어린이 간식에 적합하다. 닭고기의 지방은 다른 고기와 달리 불포화지방산이 많아 동맥경화나 심장병을 예방할 수 있어 안심하고 먹을 수 있다.

(2) 오리고기

오리고기는 닭고기보다 지방이 많고 더 붉은색을 띤다. 불포화지방산이 많고 콜레스테롤이 낮다.

2. 수조육류의 사후강직과 숙성

육류는 도살하면 근육이 굳어져 질기고 단단한데, 사후강직을 거치면 근육조직 내 단백질 분해효소에 의해 근육의 길이가 짧아져서 연해지고 감칠맛 성분이 생겨 먹기 좋은 숙성상태가 된다.

고기의 숙성기간은 축종, 근육의 종류, 숙성온도 등에 따라 다르며, 4~5℃의 냉장 온도에서 소고기는 7~14일, 돼지고기는 1~2일, 닭고기는 8~12시간이다.

3. 육류의 연화

육류는 주로 가늘고 긴 원추형의 근섬유와 결체조직으로 이루어져 있으며 고기의 질긴 정도는 이들과 관계가 있다. 좋은 고기는 지방 함량, 근섬유, 결체조직, 숙성, 가공방법, 가열방법, 조리방법 등과 관계가 있다. 고기의 연화는 결체조직 또는 근섬유 중에 일어나는 물리적·화학적 또는 효소적 변화에 의해서 이루어진다.

1) 연화의 요인

근육의 지방 함량, 결체조직 함량, 동물의 연령 및 근육의 구조 등이 육류의 연화와 관계가 있다.

(1) 지방

일반적으로 근육 내에 지방이 축적되어 있으면 고기가 연하다. 특히 고기의 살 중 대리석 무늬의 지방마블링, marbling은 고기의 연함과 독특한 맛, 풍미, 품질을 높인다.

(2) 결체조직

근육 내에 있는 결체조직의 함량이 많을수록 질긴데, 이는 콜라겐collagen과 엘라스틴elastin 때문이다. 콜라겐은 흰색을 띤 실 같은 섬유 단백질이다. 탄력성이 적으며 근육을 싸고 있는 막에 주로 들어 있고 가열에 의해 단백질이 분해되어 젤라틴이 된다.

한편 노란색의 엘라스틴은 외부의 힘에 대해 고무와 비슷한 탄력성과 복원성을 나타내며 주로 인대조직, 동맥 혈관의 벽 등에 존재한다. 여러 가지 화학반응에 안정하며 조리 시에도 연화되지 않는다.

(3) 연령

대체로 어린 동물의 근육이 늙은 동물의 근육보다 연하다.

(4) 근육의 구조

근속 중의 섬유 수가 많은 경우는 결이 가늘어 연하다.

2) 육류의 연화법

고기를 연하게 하는 방법에는 숙성, 근육조직의 기계적 처리, 효소에 의한 처리, 가열, 산·염류 및 당 등을 첨가하는 방법이 있다.

(1) 숙성

도살 전인 신선한 육류의 pH는 7.0~7.4이지만 도살 후 시간이 경과하면 근육은 신장성을 잃고 단단한 상태인 사후경직이 된다. 이때의 고기는 맛이 없으며 소화도 잘 안된다. 이 기간 중 생성된 젖산에 의해 육류의 pH가 5.5 정도가 되면 효소에 의해 자가소화가 되고, 경직이 풀려 숙성이 되면 근육이 연화되고 보수성도 증가되며 맛과 풍미가 좋아진다. 숙성은 고기를 연하게 하는 가장 중요한 방법의 하나이다.

(2) 기계적 연화

결체조직이나 근육섬유를 절단하기 위해 썰거나 두드리고, 칼집을 내거나 갈거나 다지는 것이 고기를 연하게 하는 방법이다.

(3) 효소에 의한 연화

질긴 고기를 연화시키는 연육소인 단백질 분해효소에는 파파야의 파파인papain, 파인애플의 브로멜라인bromelain, 무화과의 피신ficin, 키위의 액티니딘actinidin 등이 있다. 이들 연육소를 사용할 때는 효소가 작용하는 시간을 충분히 주고 근육 전체에 골고루 뿌린 후 포크와 같은 것으로 고기 표면을 전체적으로 찔러서 연육소가 근육 깊숙이 침투하여 작용할 수 있도록 한다.

(4) 가열

고기를 연하게 하는 가열효과는 콜라겐을 연하게 하는 정도와 근육섬유가 굳어지는 정도의 비율, 고기를 가열할 때 그의 내부 온도와 가열 속도에 따라서 결정된다.

(5) 산

콜라겐이 젤라틴으로 되는 변화가 가장 일어나기 어려운 pH는 5.0~6.0 사이이며, 이보다 pH가 높거나 낮으면 고기는 점점 연하게 된다. 그 예로 산성에서는 육류의 수화력이 증가하므로 육류 조리 시 가끔 산을 첨가해 연하게 만들기도 한다.

(6) 염류 및 당

세포 내의 단백질은 염화나트륨, 염화리튬, 염화암모늄 등의 용액에 녹으므로 단백질의 수화를 증가시켜 육류를 연화시킨다. 또한 설탕을 혼합하면 고기가 연하게 된다.

4. 육류의 조리방법

보통 육류는 건열이나 습열에 의해 가열한다. 연한 고기는 건열법에 의해 조리하고, 질긴 고기는 습열법에 의해 조리한다.

1) 습열조리

습열조리는 물 또는 액체에 고기를 넣어서 가열하거나 수증기로 찌는 방법으로 결체조직 중의 콜라겐은 젤라틴으로 되어 고기가 연해진다. 그러므로 결체조직이 많은 목심, 양지육, 사태육 등과 같은 부위는 편육 또는 수육, 장조림, 탕, 찜, 브레이징 등에 이용한다.

(1) 편육 또는 수육

지방과 결체조직, 살코기가 층으로 겹쳐 있는 쇠머리, 우설, 양지머리, 사태를 물이 끓기 시작하면 넣어 육류의 표면 단백질을 빨리 응고시킨다. 이때 추출물의 용출을 최대로 방지해야만 고기의 맛과 색이 좋다. 대파, 통마늘, 생강, 양파 등을 넣고 익혀 뜨거울 때 수육으로 먹거나 삼베 보자기에 꼭 싸서 무거운 것으로 7~8시간 눌러 놓았다가 근육섬유 길이 방향과 직각이 되도록 얄팍하게 썰어 편육으로 만들어 먹는다.

(2) 장조림

우둔 또는 사태를 큼직하게 썰어서 물에 넣고 끓인 후, 위에 뜬 기름을 걷어 내고 국물을 따른 다음 양념을 하고 간장을 부어 다시 불에 얹어 조린다. 처음부터 간장을 붓고 끓이면 아무리 장시간 끓여도 연해지지 않고 더 굳는다. 이것은 간장이 고기 속의 수분을 탈수시키며 염분이 스며듦과 동시에 고기 중 단백질이 응고되어 더욱 굳어져 고기가 수축하기 때문이다.

(3) 탕

사태육 또는 꼬리와 같이 질긴 부위를 주로 이용하며, 양지육으로 편육을 만든 고기 국물도 그 맛이 담백하여 탕에 쓰이기도 한다.

탕은 고기의 수용성 단백질, 지방, 무기질 또는 추출물 성분이 최대한 용해될 수 있도록 소금을 약간 넣은 찬물에 고기를 넣고 중불로 3~4시간 끓인다. 만약 끓는 물에 고기를 넣으면 고기 표면이 먼저 응고되어 내부 성분의 용출이 느려진다. 끓이는 동안 생기는 거품은 맛과 외관을 상하게 하므로 걷어내는 것이 좋다.

(4) 찜

찜은 고기를 삶아 익힌 후에 건져서 여러 가지 양념과 고명을 넣고 다시 끓인다. 만약 고기를 삶기 전에 양념을 하여 찜을 만들면 그 찜이 마르고 뻣뻣해지므로 먼저 고기를 익히는 것이 좋다.

(5) 브레이징

브레이징braising은 고기를 기름에 지지거나 구워서 고기 표면을 갈색으로 한 다음, 물을 조금 넣고 뚜껑을 덮어 약한 불에서 고기가 부드러워질 때까지 조리하는 것이다.

2) 건열조리

(1) 구이

구이에는 안심, 등심, 염통, 콩팥, 간 등의 부위가 사용된다. 즉, 결체조직이 적고 마블링이 많은 고기가 좋다. 육류의 구이가 양념 없이 구워도 연해지는 것은 결체조직이 고기 자체에 함유되어 있는 물을 흡수하여 젤라틴화되기 때문이다.

불고기의 경우 먼저 고기에 배즙 및 설탕을 넣어 버무려서 재워 두면 효소작용과 설탕의 연화작용이 활발해져서 고기가 연해진다. 그 후에 참기름을 제외한 양념을 하고 가장 마지막에 참기름 양념을 한다. 팬이나 석쇠를 먼저 불에 얹어서 뜨거워진 다음에 사용하면 고기가 닿는 부분이 응고·수축·건조되므로 고기가 석쇠에 붙지 않는다. 잘 조리된 구이는 반들반들하고 갈색의 윤기가 나는데, 이것은 굽는 과정에서 일어나는 캐러멜화 현상과 고기 자체의 기름 때문이다. 또 설탕, 기름을 가하지 않아도 고기 자체가 가지고 있는 지방과 소량의 당분에 의해 윤기가 난다.

(2) 로스팅

로스팅roasting은 큰 고깃덩어리를 석쇠에 놓고 오븐 속에서 굽는 것을 말한다. 오븐의 온도는 보통 163℃일 때가 적당하며 로스팅의 마지막 단계에서 오븐의 온도를 잠깐만 올리면 색이 더 갈색으로 된다.

(3) 튀김

육류의 튀김요리는 우리나라 요리에도 있으나 주로 중국, 일본 요리에 많다. 튀김은 비타민 B군의 손실이 가장 적고 고기의 비린 냄새를 없애기 때문에 널리 이용된다. 고기를 밀가루, 달걀, 빵가루의 순서로 묻혀서 기름에 튀기는 크로켓, 커틀릿 등과 달걀과 밀가루로 만든 반죽을 씌워 튀긴 탕수육, 고기튀김 등의 조리가 있다. 튀기는 기름의 온도는 보통 180℃ 정도이다.

(4) 브로일링

브로일링broiling은 직화로 육류를 굽는 것을 말하며, 우리나라의 조리방법 중 구이류가 여기에 속한다. 이를 변화시킨 팬 브로일링은 가열 조리기구인 프라이팬 표면에 전달된 열에 의해 굽는 것이다.

연화제 종류에 따른 너비아니 구이의 품질 비교

실험재료				기본양념	
	등심 소고기(5mm)	500g(100g × 5)		설탕	1Ts
	물	2Ts(1Ts × 2)		다진 파	1Ts
	연육소	1/4Ts		다진 마늘	1/2Ts
	키위즙	1Ts		참기름	1Ts
	배즙	1Ts		간장	2Ts
	파인애플즙	1Ts		깨소금	1ts
				후춧가루	약간

기구 및 기기			
	접시 5개		칼
	프라이팬		전자저울
	도마		계량스푼
	면포		

1. 실험목적

연화제 첨가가 너비아니 구이의 색과 질감에 미치는 영향을 알아본다.

2. 실험방법

① 등심을 5mm 두께로 썰어 각 시료마다 다음과 같이 연육소, 키위즙, 배즙, 파인애플즙을 면포에 꼭 짜서 전처리를 한다.

A : 소고기 100g + 물 1Ts

B : 소고기 100g + 연육소 1/4Ts + 물 1Ts

C : 소고기 100g + 키위즙 1Ts

D : 소고기 100g + 배즙 1Ts

E : 소고기 100g + 파인애플즙 1Ts

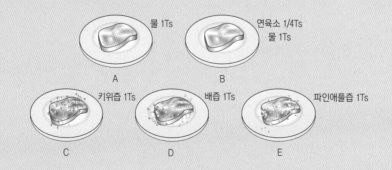

② 전처리를 하여 잘 주물러 30분 정도 재워둔다.

③ 전처리액을 살짝 짠 후 모든 시료에 같은 양의 기본양념 1Ts씩을 넣고 주물러 굽는다.

④ 구울 때는 조건을 같이 하기 위해서 굽는 시간을 동일하게 한다.

⑤ 고기의 색은 묘사법으로 평가하고, 질감은 순위법으로 평가한다.

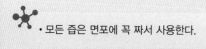
• 모든 즙은 면포에 꼭 짜서 사용한다.

3. 실험결과

시료	색[1]	질감[2]
A 물 1Ts		
B 연육소 1/4Ts +물 1Ts		
C 키위즙 1Ts		
D 배즙 1Ts		
E 파인애플즙 1Ts		

1) 묘사법
2) 순위법(부드러운 것부터)

4. 결론 및 고찰

- 효소의 종류에 따른 육류의 연화에 대하여 알아본다.

 참고문헌

고기 종류에 따른 햄버거 패티의 품질 비교

실험재료				
	소고기(간 것)	60g	소금	4g(1g × 4)
	돼지고기(간 것)	60g	후춧가루	약간
	닭가슴살(간 것)	60g	우유	4Ts(1Ts × 4)
	소고기(간 것)+돼지고기(간 것)	각 30g	건식 빵가루	12Ts(3Ts × 4)
	양파	120g(30g × 4)	식용유	약간
	달걀	8Ts(2Ts × 4)		

기구 및 기기		
	칼	볼
	도마	계량스푼
	접시	전자저울
	프라이팬	뒤집개
	자	

1. 실험목적

육류의 종류에 따른 햄버거 패티의 품질에 미치는 영향을 알아본다.

2. 실험방법

① 양파는 잘게 다져 식용유를 두르지 않은 팬에 볶아 물기를 없앤 후 식혀 정확히 4등분한다.
② 각 재료를 다음과 같이 계량하여 잘 섞은 후 치대어 서로 잘 엉기도록 한다.
　이때 치대는 횟수를 각 시료마다 동일하게 한다.

    A. 소고기(간 것) 60g+양파+우유 1Ts+소금 1g+달걀 2Ts+후춧가루 약간+빵가루 3Ts
    B. 돼지고기(간 것) 60g+양파+우유 1Ts+소금 1g+달걀 2Ts+후춧가루 약간+빵가루 3Ts
    C. 닭고기(간 것) 60g+양파+우유 1Ts+소금 1g+달걀 2Ts+후춧가루 약간+빵가루 3Ts
    D. 소고기(간 것) 30g+돼지고기(간 것) 30g+양파+우유 1Ts+소금 1g+달걀 2Ts+후춧가루
       약간+빵가루 3Ts

③ 각 시료를 같은 크기의 모양으로 둥글게 빚는다.
④ 굽기 전에 각 시료의 두께와 직경을 측정한다.
⑤ 동일한 시간 동안 식용유 두른 팬에서 앞뒤로 노릇하게 지져낸다.
⑥ 구운 후에 각 시료의 두께와 직경을 측정하여 굽기 전과 비교한다.

⑦ 구운 패티가 식은 후 반으로 잘라 단면의 모양을 비교한다.
⑧ 색, 맛, 모양은 묘사법으로 평가하고, 조직감과 전체적인 기호도는 순위법으로 평가한다.

A~D

두께, 직경을
측정한다.

3. 실험결과

시료	두께(mm)		직경(mm)		색[1]	맛[2]	모양[3]	조직감[4]	전체적인 기호도[5]
	조리 전	조리 후	조리 전	조리 후					
A 소고기									
B 돼지고기									
C 닭고기									
D 소고기 + 돼지고기									

1)~3) 묘사법
4) 순위법(부드러운 것부터)
5) 순위법(좋은 것부터)

4. 결론 및 고찰

- 소고기, 돼지고기, 닭고기의 조직감 특성에 대하여 알아본다.

 참고문헌

가열 처리를 달리한 육류의 품질 비교

실험재료	등심 소고기(두께 2cm)	200g(100g × 2)	후춧가루	약간
	소금	약간	식용유	1ts(1/2ts × 2)

기구 및 기기	접시 2개		전자저울	
	프라이팬		타이머	

1. 실험목적

가열방법에 따른 고기의 연한 정도, 중량 감소율, 육즙의 유무 등 육류의 품질을 비교한다.

2. 실험방법

① 스테이크용 소고기를 100g씩 정확히 달아 2조각을 준비한다.

② 고기는 소금과 후춧가루로 각각 밑간을 한다.

    A : 소고기 100g + 소금 약간 + 후춧가루 약간 + 식용유 1/2ts → 뚜껑 덮고 약한 불로 조리

    B : 소고기 100g + 소금 약간 + 후춧가루 약간 + 식용유 1/2ts → 뚜껑 열고 조리

③ A는 프라이팬에 1/2ts의 기름을 두르고 가열 전에 고기 한 조각을 넣고 뚜껑을 덮어 약한 불로 양면이 똑같은 상태가 되도록 구워낸다.

④ B는 1/2ts의 기름을 넣고 프라이팬이 연기가 날 정도로 뜨거워지면 고기 한 조각을 올려놓고 고기의 표면을 먼저 익힌 후 뒤집어 뒷면도 구워낸다. 이때 스테이크 제조 소요시간을 측정한다.

⑤ 고기의 조리 후 중량을 측정하고 중량 감소율을 계산한다.

$$중량\ 감소율(\%) = \frac{고기\ 조리\ 전\ 중량(g) - 고기\ 조리\ 후\ 중량(g)}{고기\ 조리\ 전\ 중량(g)} \times 100$$

⑥ 스테이크의 색은 묘사법으로 평가하고, 연한 정도와 육즙은 순위법으로 평가한다.

3. 실험결과

시료	고기 중량			스테이크			
	조리 전 (g)	조리 후 (g)	중량 감소율(%)	소요시간 (분)	색[1]	연한 정도[2]	육즙[3]
A 뚜껑 덮고							
B 뚜껑 열고							

1) 묘사법
2) 순위법(연한 것부터)
3) 순위법(육즙이 많은 것부터)

4. 결론 및 고찰

- 육즙의 유출에 따른 육류 조직 변화에 대하여 알아본다.
- 고기 가열방법에 대하여 알아본다.

 참고문헌

조리 순서에 따른 장조림의 특성 비교

실험재료	소고기(우둔)	450g(150g × 3)	기본양념	
	간장	9Ts(3Ts × 3)	설탕	1Ts×3
	물	3C(1C × 3)	대파	1/4뿌리×3
			통마늘	2개×3
			후춧가루	약간
기구 및 기기	냄비 3개		자	
	타이머		전자저울	
	접시		계량스푼	
	칼			

1. 실험목적

간장 첨가방법에 따른 장조림의 맛, 질감, 색, 전체적인 기호도를 알아본다.

2. 실험방법

① 고기는 우둔살을 사용한다.

② 고기의 결을 따라 6×4×4cm로 썰어 놓는다.

③ A는 처음부터 고기, 간장과 기본양념, 물을 넣고 약한 불로 50분간 조리한다. B는 냄비에 고기와 물을 넣고 불에 올린 후 약불에서 20분 가열한 후 간장과 기본양념을 넣고 약한 불로 30분간 가열한다. C는 고기와 기본양념과 물을 넣고 불에 올려놓은 후 약불에서 20분 가열 후 간장을 넣고 약한 불로 30분간 가열한다.

A : 소고기 150g + 간장 3Ts + 기본양념 + 물 1C $\xrightarrow{\text{약한 불}}$ 50분 조리 약한 불

B : 소고기 150g + 물 1C $\xrightarrow[\text{약한 불}]{\text{20분 가열}}$ 간장 3Ts + 기본양념 $\xrightarrow{\text{약한 불}}$ 30분 조리 약한 불

C : 소고기 150g + 기본양념 + 물 1C $\xrightarrow[\text{약한 불}]{\text{20분 가열}}$ 간장 3Ts $\xrightarrow{\text{약한 불}}$ 30분 조리 약한 불

④ 장조림이 식으면 썰어서 맛, 질감, 색을 묘사법으로 평가하고, 전체적인 기호도는 순위법으로 평가한다.

3. 실험결과

시료	맛[1]	질감[2]	색[3]	전체적인 기호도[4]
A (50분 조리)				
B (30분 조리) 간장 3Ts +기본양념				
C (30분 조리) 간장 3Ts				

1)~3) 묘사법
4) 순위법(기호도가 좋은 것부터)

4. 결론 및 고찰

- 장조림의 조리 순서에 따른 변화를 알아본다.
- 습열조리의 특징에 대하여 알아본다.

 참고문헌

한눈에 보이는 실험조리

어패류의 조리

7 —
어패류의
조리

학습목적
대표적인 단백질 식품인 어패류의 조직과 성분, 조리 특성을 이해하여 조리과정에
활용하는 방법을 알아본다.

학습목표
1 어패류의 조직과 성분을 고려한 조리 활용법을 설명할 수 있다.
2 어패류의 비린내 제거방법을 설명할 수 있다.

1. 어패류의 분류

어패류는 육류와 함께 동물성 급원식품으로 불포화지방산을 함유하고 있어 성인병
증가율이 높은 요즈음 더욱 인기 있는 식품이다. 최근에는 지구의 온난화가 어패류
서식에도 영향을 미쳐 지역별 수확시기와 수확량에 변동을 초래하고 있다.
  서식지에 따라 해수어와 담수어가 있고, 척추가 있는 어류와 단단한 껍질을 가진 갑
각류, 연체동물로 분류할 수 있다.

1) 어류

(1) 해수어

해수어는 바다에 서식하며, 흰살 생선과 붉은살 생선으로 나눌 수 있다. 흰살 생선은
깊은 바다에 서식하는 광어, 대구, 도미, 갈치 등으로 지방 함량 5% 이하의 저지방이

다. 붉은살 생선은 바다 표면에 서식하는 고등어, 꽁치, 참치, 연어 등으로 지방 함량이 5~20%의 고지방이다.

담수어는 민물고기로 강이나 호수에 서식하는 생선이다. 흰살 생선으로 미꾸라지, 메기, 잉어, 붕어 등이 있으며, 붉은살 생선으로 송어가 있다.

2) 조개류

딱딱한 껍데기를 가지고 있으며 바지락, 홍합, 대합, 소라, 굴, 전복, 꼬막, 우렁이 등이 있다.

3) 갑각류

키틴질의 딱딱한 껍데기로 보호되어 있으며 새우, 꽃게, 대게, 왕게, 가재 등이 속한다.

4) 연체류

몸이 부드럽고, 뼈와 마디가 없다. 문어, 오징어, 꼴뚜기, 낙지 등이 이에 속한다.

2. 어패류의 조직과 성분

1) 어패류의 구조

어류는 머리, 몸통, 꼬리의 세 부분과 지느러미를 가지고 있다. 생선의 근육은 육류에 비해 근섬유의 길이가 짧고, 콜라겐 등 육기질 단백질이 적어 부드럽다. 등 근육과 배 근육에는 암적색의 혈합육^{血合肉}이 있고 흰살 생선보다 붉은살 생선에 많다. 근절과 근절 사이는 결합조직 단백질이 근격막으로 연결되어 있으며 가열 시 격막이 응고되어 근

그림 7-1 어류의 정단면

절이 쉽게 분리된다. 연체류인 오징어는 다른 어류와 달리 근섬유가 몸의 가로 방향으로 되어 있어 찢을 때 가로 방향으로 잘 찢어진다. 오징어의 껍질은 제일 바깥쪽에서 부터 표피, 색소층, 다핵층, 진피의 4층으로 되어 있는데 진피는 오징어 껍질 제거 시 제거되지 않는다. 진피를 구성하는 콜라겐은 세로 방향으로 되어 있어 오징어의 근섬유와 직각으로 교차하여 근육을 고정시키고 있다가 가열에 의해 수축되므로 오징어가 오그라든다. 그러므로 오징어에 칼집을 넣을 때 진피^{바깥쪽}에 칼집을 넣으면 오징어가 말리지 않고, 안쪽에 칼집을 넣으면 오징어가 동그랗게 말린다.

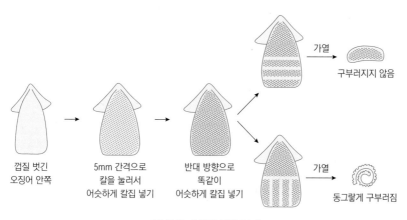

그림 7-2 오징어 칼집 넣기

2) 어패류의 일반 성분

어패류의 단백질 함량은 어류 16~25%, 패류 7~10%, 오징어 및 낙지 13~17%로 수분을 제외하고 가장 많은 비율을 차지하는 단백질 급원식품이다. 어류의 근육단백질은 구조단백질 70% 정도로 염용액에 녹는 미오신myosin, 액틴actin, 액토미오신actomyosin이 속하고, 근원질단백질 20% 내외로 수용액에 녹는 미오젠myogen과 글로불린globulin이 있으며, 기질단백질 5~10% 정도로 물과 염용액에 녹는 콜라겐collagen과 엘라스틴elastin이 있다. 어류는 육류에 비해 기질단백질이 적어 연하며 소화가 잘 된다. 염용액에 녹는 생선의 미오신, 액틴, 액토미오신 성분에 3% 내외의 소금을 첨가하면 단백질 성분이 엉기게 되는데, 이를 어묵 제조에 활용한다.

어패류의 지방 함량은 종류, 부위, 서식지에 따라 다르고, 흰살 생선보다는 붉은살 생선이 많으며 산란 전에 높다. 고등어, 꽁치 등의 등푸른 생선에는 다가불포화지방산인 DHA, EPA가 많다. 불포화도가 높아 산화되기 쉬우므로 신선도 유지에 유의해야 한다.

어류의 탄수화물은 글리코겐 형태로 1% 이하이고, 조개류에는 2~5% 정도의 글리코겐glydogen이 들어 있다. 조개류의 단맛은 글리코겐이 효소에 의해 포도당으로 변하기 때문이다.

게와 새우의 껍질은 다당류인 키틴과 키토산이 있다.

어패류의 무기질은 1~1.5%로 나트륨, 칼륨, 마그네슘, 인이 있고, 굴과 조개류는 요오드 함량이 높다. 통조림으로 가공한 고등어, 꽁치와 뼈째 먹는 멸치, 뱅어포 등에는 칼슘이 풍부하다. 비타민 A는 간에 주로 들어 있다.

3. 어패류의 사후 변화

어패류도 수조육류와 유사하게 사후강직 후 근육조직 중에 있는 효소에 의해 단백질이 분해되는 자가소화가 일어난다. 육류보다 조직이 연해 자가소화 속도가 빨라 사후강직일 때를 신선한 것으로 보며, 자가소화가 일어나면 풍미가 낮아지고 부패가 시작된다.

4. 어패류의 조리 특성

어류는 육류보다 결체조직이 적어 연한 조직을 가지고 있으며 부패하기 쉬우므로 취급에 특히 신경을 써야 한다. 조리 시에도 약한 불에서 맛과 향기, 단백질의 응고 정도, 근육의 형태 유지가 적당하도록 조리해야 한다. 해수어는 단백질 대사 최종산물로 트리메틸아민옥시드trimethylamine oxide ; TMAO를 생성하고, 이것이 세균의 효소에 의해 환원되어 비린내의 주성분인 트리메틸아민trimethylamine ; TMA을 생성한다.

1) 비린내 제거방법

(1) 씻기
생선의 비린내 성분인 트리메틸아민은 주로 생선의 표면 점액물질 중에 존재한다. 이것은 수용성이므로 물에 여러 번 씻으면 쉽게 용해된다.

(2) 산 첨가
식초나 레몬즙과 같은 산을 첨가하면 어육의 아민류가 산과 결합해 비린내가 다소 약화된다. 흔히 서양요리의 타르타르소스tartar sauce나 조리 시 레몬 조각을 곁들이는 것도 이러한 이유이다.

(3) 우유에 담그기
생선을 우유에 담갔다가 조리하면 생선의 비린내가 약화되는데 이는 우유 중에 콜로이드 상태로 분산되어 있는 카세인casein과 인산이 비린내 성분인 트리메틸아민 성분을 흡수해 비휘발성으로 만들기 때문이다.

(4) 알코올 첨가

서양요리와 일본요리에서는 생선을 조리할 때 술을 많이 사용한다. 포도주는 생선의 비린내를 제거하고 향기를 더해 주어 일반 조미료와 향신료로 많이 이용되고 있다. 정종은 호박산을 비롯한 지미 성분이 함유되어 있고, 조리용 술은 고급 감미료로서 가열에 의해 어육 단백질과 아미노카르보닐aminocarbonyl 반응을 일으켜 적절한 갈색과 향미를 생성한다.

(5) 기타

향신료와 방향 채소를 사용하면 음식물에 향미를 부여해 냄새를 억제하거나 식욕을 촉진하는 작용을 한다. 후추, 생강, 산초, 고추, 겨자, 파, 마늘, 양파 등이 효과적이며, 생선을 조릴 때 무를 넣거나 생선회의 양념장에 무즙을 갈아 넣으면 무의 매운맛이 비린내를 약화시켜 준다.

2) 조리방법

어패류는 연한 조직을 가지므로 조리시간을 단축하거나 생으로 조리할 수도 있다. 어육에 다량의 소금을 뿌리면 소금의 삼투압 작용에 의해 육질이 단단해지고 또한 고기 중의 수분, 효소, 엑스 성분이 상당량 제거된다. 이는 세균의 번식을 억제하는 염장의 원리이다. 어육은 2~3%의 소금물에 의해 근섬유의 미오신과 액틴이 액토미오신이 되는데, 액토미오신은 수화된 상태에서 서로 엉기는 성질이 강해 점성이 강한 용액이 된다. 이를 가열하면 단백질은 응고하고 물을 흡수한 겔이 되므로 탄력 있는 육질이 되는데 이것이 어묵 제조의 원리이다. 지방 함량이 높은 어육으로 어묵을 제조할 경우 어육의 망상구조의 형성을 방해해 재료의 탄력성을 저해시키므로 지방 함량이 낮은 흰살 생선을 쓰는 것이 좋다. 또한 어육의 단백질은 산에 의해 응고되므로 어육을 식초에 담가 산 응고를 일으킴으로써 텍스처의 변화에서 오는 맛의 향상 효과도 볼 수 있다. 생선회의 레몬즙과 초고추장은 어육단백질을 응고시켜 쫄깃함을 부여한다.

(1) 조림

물이나 양념이 끓을 때 생선을 넣으면 단백질이 응고해서 형태가 유지되고, 내부 성분의 유출을 막을 수 있어 좋다. 이때 흰살 생선은 살이 무르고 맛이 담백하기 때문에 단시간에 가열하고, 붉은살 생선은 비교적 살이 단단하고 비린내도 강하므로 청주나 조리용 술을 가하고 가열 시간을 길게 해 비린내를 없애는 것이 좋다.

(2) 구이

고온으로 가열하므로 성분의 변화가 심해서 맛난 성분이 급속하게 만들어지며, 맛난 성분이 조림이나 국처럼 용출되지 않고 표피 내로 보존되어 타는 맛과 향기가 생기기 때문에 맛이 있다.

(3) 전

전은 지방 함량이 적고 담백한 흰살 생선이 주로 사용된다. 지지는 과정에서 어취의 증발로 비린내가 줄어들고 달걀이 응고되면서 생선의 형태를 유지시켜 준다.

(4) 튀김

작은 생선, 새우, 오징어, 굴 등을 180℃ 내외의 튀김기름 온도에서 2~3분간 튀겨 내므로 조리시간이 짧다. 또한 물을 사용하지 않으므로 수용성 영양소의 손실을 최소한으로 하며 식품의 특유한 맛, 색 그리고 형태를 유지할 수 있는 조리방법이다.

(5) 찌개

된장이나 고추장의 특유한 향기와 콜로이드성의 강한 흡착력 때문에 어취가 많이 제거되지만 이들은 다른 조미료를 먼저 첨가한 후에 넣어야 한다. 그 이유는 함께 사용하면 흡착력과 점성이 강해 다른 조미료의 맛을 감소시키기 때문이다. 찌개의 건더기는 국물의 2/3 정도가 좋다.

(6) 생선회

신선한 생선을 얇게 편으로 떠서 생것으로 먹는 생회와 끓는 물에 살짝 데치거나 끓는 물을 생선에 끼얹어서 먹는 숙회가 있다. 생선회는 신선한 것으로 선택하고 가능한 한 먹기 직전에 손질하는 것이 좋으며 초고추장이나 고추냉이장과 함께 먹는다.

첨가재료에 따른 어묵 품질의 특성 비교

실험재료	흰 생선살*	180g(60g × 3)		소금	0.9g(0.3g × 3)
	* 냉동 생선살은 실험이 불가능하므로 신선한			전분	12g(6g × 2)
	생선살로 구입한다.			기름	6g

기구 및 기기	볼 3개	면포
	커터기	자
	찜통	전자저울
	타이머	

1. 실험목적

어묵 제조 시 전분 및 기름의 첨가에 따른 어묵의 품질을 비교 관찰한다.

2. 실험방법

① 흰살 생선은 뼈 없이 살로만 준비하여 물기를 뺀 상태에서의 무게를 잰 후 적당한 크기로 썬다.
② 각 시료는 다음 배합 비율에 따라 재료를 첨가하여 커터기에 동일한 시간으로 작동시켜 끈기가
생길 때까지 곱게 간다.

  A : 흰살 생선 60g + 소금 0.3g
  B : 흰살 생선 60g + 소금 0.3g + 전분 6g
  C : 흰살 생선 60g + 소금 0.3g + 전분 6g + 기름 6g

③ 끈끈해지기까지의 소요 시간을 잰다.
④ 각 시료는 3 × 4 × 2cm 모양을 만들어 동일한 시간 동안 쪄낸다.

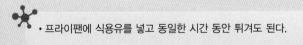

• 프라이팬에 식용유를 넣고 동일한 시간 동안 튀겨도 된다.

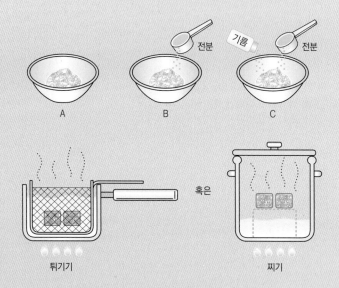

⑤ 어묵의 맛은 묘사법으로 평가하고 질감과 탄력성, 전체적인 기호도는 순위법으로 평가한다.

3. 실험결과

시료	소요 시간(분)	맛[1]	질감[2]	탄력성[3]	전체적인 기호도[4]
A					
B 전분					
C 전분＋기름					

1) 묘사법
2) 순위법(부드러운 것부터)
3) 순위법(탄력이 있는 것부터)
4) 순위법(좋은 것부터)

4. 결론 및 고찰

- 어묵 제조에 적합한 생선의 종류를 알아본다.
- 어묵의 제조원리에 대하여 알아본다.

 참고문헌

실험 2

오징어 전처리 방법과 가열시간에 따른 수축과 조직감 비교

실험재료	오징어	4마리	
기구 및 기기	냄비 4개		자
	접시		칼
	타이머		온도계

1. 실험목적

오징어의 전처리 방법과 가열시간을 다르게 한 후 수축 정도와 조직감을 비교해 오징어 근육구조를 익힌다.

2. 실험방법

① 오징어는 내장을 제거하고 껍질을 벗겨 깨끗이 손질한다.
② 가로 7cm, 세로 10cm 크기로 썰어 4장 준비한다.
③ 4장 중 2장은 외피 쪽에, 2장은 내장이 있었던 내피 쪽에 3mm 간격의 대각선으로 칼집을 넣는다.
④ 각 시료를 100℃ 끓는 물에 30초, 90초 데친다.
⑤ 데친 후 가로와 세로의 길이를 측정해 수축 정도를 계산하고, 데친 시간에 따른 질감을 비교한다.

    A : 외피 쪽에 대각선으로 칼집 낸 후 끓는 물에 30초 데친다.
    B : 외피 쪽에 대각선으로 칼집 낸 후 끓는 물에 90초 데친다.
    C : 내피 쪽에 대각선으로 칼집 낸 후 끓는 물에 30초 데친다.
    D : 내피 쪽에 대각선으로 칼집 낸 후 끓는 물에 90초 데친다.

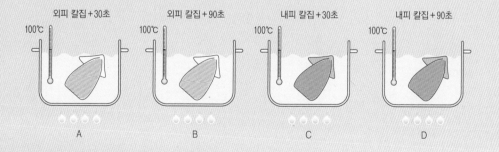

3. 실험결과

시료	수축 정도 (가로와 세로의 cm 측정)	모양[1]	질긴 정도[2]	전체적인 기호도[3]
A 외피 칼집 +30초				
B 외피 칼집 +90초				
C 내피 칼집 +30초				
D 내피 칼집 +90초				

1) 묘사법
2) 순위법(부드러운 것부터)
3) 순위법(좋은 것부터)

4. 결론 및 고찰

- 오징어 데치는 시간과 조직감을 알아본다.
- 오징어 근육구조를 알아본다.

 참고문헌

고등어 비린내 제거를 위한 방법 비교

실험재료	생고등어*	300g(50g × 6)	우유	1Ts

실험재료　생고등어*　300g(50g × 6)　　　　우유　1Ts
　　　　　* 냉동 손질 고등어도 가능하다.　　　된장　1ts
　　　　　레몬즙　1/2Ts　　　　　　　　　　3% 소금물 500mL
　　　　　청주　1Ts　　　　　　　　　　　　식용유
　　　　　생강즙　1ts

기구 및 기기　프라이팬　　　　　　　　　　도마
　　　　　　　접시　　　　　　　　　　　　키친타월
　　　　　　　칼

1. 실험목적

생선의 비린내 제거방법을 비교하여 효과를 알아본다.

2. 실험방법

① 고등어를 깨끗이 씻어 3장 포뜨기(구이용)로 준비한 후 50g씩 등분해 6조각을 3% 소금물 500mL에 10분간 담근 후 꺼내 키친타월을 이용해 물기를 닦는다.
② 된장 1ts을 물 1Ts에 잘 개어 준비한다.
③ 생강즙, 레몬즙, 우유, 청주, 된장으로 각각 양념하여 30분 정도 둔다. 한 토막은 양념을 하지 않은 채로 둔다.

생고등어　　생강즙이 발라진 고등어　　레몬즙이 발라진 고등어

A　　B　　C

우유가 발라진 고등어　　청주가 발라진 고등어　　된장이 발라진 고등어

D　　E　　F

④ 키친타월로 물기를 제거한 후 프라이팬에 식용유를 살짝 두르고 굽는다. 된장양념은 표면을 재빨리 살짝 씻어 건더기가 남지 않도록 한다.
⑤ 접시에 옮겨 담고 묘사법이나 순위법으로 관능특성을 평가한다.

3. 실험결과

시료	색[1]	맛[2]	조직감[3]	비린내[4]	전체적인 기호도[5]
A 생고등어					
B 생강즙					
C 레몬즙					
D 우유					
E 청주					
F 된장					

1), 2) 묘사법
3) 순위법(부드러운 것부터)
4) 순위법(강한 것부터)
5) 순위법(좋은 것부터)

4. 결론 및 고찰

- 어류의 비린내 제거방법에 대하여 알아본다.

 참고문헌

달걀의 조리

8—
달걀의
조리

학습목적
달걀의 구조와 구성성분을 알아보고 조리 시 일어나는 변화를 이해함으로써 달걀
을 이용한 조리법에 활용한다.

학습목표
1 달걀의 구조와 구성성분에 대해 이해할 수 있다.
2 달걀의 신선도 판정법을 이해할 수 있다.
3 달걀의 유화성, 기포성, 응고성 등 조리 특성을 이해할 수 있다.
4 달걀의 변색 원인을 이해할 수 있다.

1. 달걀의 구조

1) 난각

난각은 95% 정도가 탄산칼슘이고 7,000~17,000개의 작은 기공이 있어 수분의 증발
이나 탄산가스 배출 등이 이루어지는데 미생물의 침입이 일어날 수 있다. 난각은 산란
시 분비된 점액이 건조되어 만들어진 5~10μm의 층인 큐티클로 덮여 있어 표면이 까
칠까칠하며 기공을 막아 미생물의 침입 방지와 수분 증발 억제 등 천연 보호성 코팅
역할을 한다. 그러나 신선도가 떨어질수록 큐티클이 벗겨지므로 신선도 판별의 지표
가 된다.

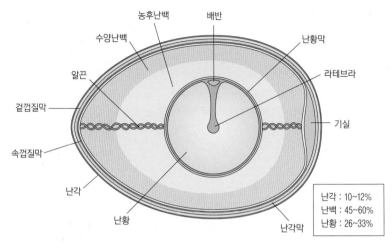

농후난백　　배반

수양난백　　　　　　　　　　　난황막

알끈　　　　　　　　　　　　　라테브라

겉껍질막　　　　　　　　　　　기실

속껍질막

난각

난황

난각막

| 난각 : 10~12% |
| 난백 : 45~60% |
| 난황 : 26~33% |

그림 **8-1** 달걀의 구조

2) 난각막

난각막은 난각의 안쪽을 구성하는 얇은 반투명 막으로 난각에 밀착된 겉껍질막과 난
백을 감싸고 있는 속껍질막이 서로 붙어 있는 막으로 둔단부에 기실을 만든다. 기실
은 산란 직후에는 없지만 신선도가 떨어지면 수분이 증발하고 내용물이 수축하면서
달걀의 둔단부에 만들어진다.

3) 난백

난백은 투명하고 끈끈하며 달걀의 약 60%를 차지한다. 난백은 난황의 바로 주위에 점
성도가 높은 농후난백, 그리고 그 바깥쪽에 수양난백으로 이루어져 있다. 외부로부터
미생물의 침입 방지와 충격을 흡수해 난황과 배반을 보호하는 역할을 한다. 산란 직
후 농후난백의 함량이 많으나 시간이 지날수록 트립신 등 효소 작용으로 수양난백으
로 변한다. 알끈은 나선 모양으로 난황의 위치를 고정시켜주는데 익으면 단단하게 굳
어져 지단, 알찜 등을 조리할 때는 제거하는 것이 좋다.

4) 난황

난황은 달걀의 약 30%를 차지하며 난황막으로 싸여 있고 유정란인 경우 표면에 배반이 있다. 오래된 달걀일수록 난황 주변의 수분을 흡수해 난황의 부피가 커지면서 막이 약화되어 쉽게 터지게 된다. 배반으로부터 난황 중심부까지 백색의 긴 실모양의 라테브라^{latebra}가 있다.

때로는 난황의 황색 부분이 상대적으로 어두운 층과 밝은 층이 생길 수가 있는데 사료 내 색소 함량이 균형되어 있으면 생기지 않는데 사료 섭취시기가 제한되거나 카로티노이드^{caratinoid} 색소가 적은 사료를 섭취할 때 발생된다.

난황은 작은 미립자로 되어 있어 지나치게 삶으면 쉽게 부서진다.

2. 달걀의 영양

달걀의 중량은 보통 50~70g 정도이고, 수분이 70% 이상을 차지하고 있으며 단백질, 비타민과 무기질의 우수한 급원이다.

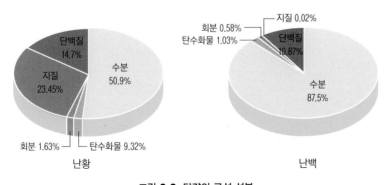

그림 **8-2** 달걀의 구성 성분
자료 : 농촌진흥청(2020). 국가표준식품영양성분 DB 9.2

1) 난백

난백은 수분의 함량이 87% 이상이며 난황에 비해 단백질, 지방, 탄수화물이 소량 함유되어 있다.

난백 단백질은 오브알부민ovalbumin, 콘알부민conalbumin, 오보뮤코이드ovomucoid, 오보뮤신ovomucin, 그리고 용균작용을 하는 라이소자임lysozyme, 항비오틴 인자인 아비딘avidin 등으로 이루어져 있다.

2) 난황

난황의 주성분은 단백질과 지방이다. 난황 단백질의 75%는 주로 인이 결합된 지단백질인 리포비텔린lipovitelline과 리포비텔레닌lipovitellenin이고 나머지 25%는 황이 풍부한 오보리베틴ovolivetin으로 구성되어 있다.

지방은 중성지방이 65.5%이며 레시틴lecithin, 세팔린cephalin, 스핑고마이엘린sphingomyelin 등 인지질 28.3%, 콜레스테롤 5.2% 등이다. 특히 레시틴은 마요네즈 제조 시 유화제로 작용한다.

비타민은 비타민 C를 제외하고 함유하고 있으며 칼슘, 철과 인 등 무기질이 함유되어 있다. 난황 색소는 주로 카로티노이드 색소로 닭의 품종, 영양 상태나 사료에 따라 다르다.

3. 달걀의 신선도 판정법

달걀의 신선도 판정법에는 외관을 관찰하는 외관판정, 형광등이나 자외선으로 투시하는 투광판정, 비중을 측정하는 비중 측정, 달걀을 깨트려서 내용물을 관찰하는 난

외관판정

투광판정

할란판정

그림 8-3 달걀의 신선도 판정법
자료 : 축산물품질평가원 홈페이지

황계수법와 난백계수, 할란판정 등이 있다.

1) 외관판정

달걀은 외관상으로 껍질이 두껍고 거친 것이 좋다. 흔들었을 때 소리가 나지 않으며, 둔단은 따뜻한 느낌이 들고 첨단은 차가운 느낌이 있는 것이 좋다. 깨트렸을 때 난황이 높이 솟아 있으며 난백이 넓게 퍼지지 않고 모아져 있어야 한다.

2) 투광판정

암실에서 검란기에 달걀을 넣고 회전시키면서 기실의 깊이, 난황의 위치와 상태, 난백의 상태를 검사한다. 깊이가 4mm 이내이고, 난황은 중심에 위치하며 퍼져 보이지 않은 것이 좋고, 난백은 맑고 결착력이 강한 것이 좋다.

3) 비중 측정

달걀은 오래되면 기실의 증가에 따라 비중이 작아지므로 10% 정도의 소금물[1.037]에 넣었을 때 신선한 달걀은 비중이 1.078~1.094로 밑바닥에 수평으로 가라앉지만 오래된 달걀일수록 달걀의 둔단부가 위로 뜨게 된다.

4) 할란판정

달걀을 평판 위에 깨서 난황의 높이, 농후난백의 퍼짐 정도, 수양난백의 용량, 이물질, 호우단위^{Haugh unit}를 검사하여 품질을 판정한다.

(1) 난황계수, 난백계수

달걀은 저장함에 따라 난황막이 약화되고 난백의 수양화가 진행되므로 난황계수와 난백계수에 의해서 신선도를 판정할 수 있다.

신선한 달걀의 난황계수는 0.36~0.44이며, 0.25 이하가 되면 오래된 달걀로 깨지기 쉽다. 신선한 달걀의 난백계수는 0.14~0.17로 오래된 것은 0.1 이하가 된다.

$$난황계수 = \frac{난황의\ 높이(mm)}{난황의\ 지름(mm)}$$

$$난백계수 = \frac{난백의\ 높이(mm)}{난백의\ 지름(mm)}$$

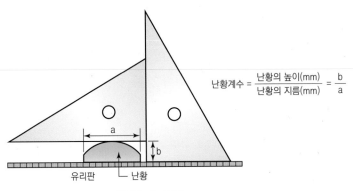

그림 8-4 난황계수 측정방법

자료 : 송태희 외, 2020, 이해하기 쉬운 조리과학, 교문사, p. 231

(2) 호우단위

호우단위는 달걀의 중량과 농후난백의 높이를 측정하여 산출한 값이다.

달걀의 저장기간이 길어지면 농후난백의 수분이 난황이나 수양난백으로 이동하여 농후난백의 높이가 낮아진다.

농후난백의 높이는 난황으로부터 농후난백이 넓게 확산되는 방향으로 1cm 되는 지점의 난백의 높이를 측정하여 신선도 측정값으로 이용한다.

$$호우단위(HU) = 100 \log(H - 1.7W^{0.37} + 7.6)$$

H : 난백 높이(mm), W : 달걀 중량(g)

표 8-1 달걀 품질기준

판정항목		품질기준			
		A급	B급	C급	D급
외관판정	난각	청결하며 상처가 없고 달걀의 모양과 난각의 조직에 이상이 없는 것	청결하며 상처가 없고 달걀의 모양에 이상이 없으며 난각의 조직에 약간의 이상이 있는 것	약간 오염되거나 상처가 없으며 달걀의 모양과 난각의 조직에 이상이 있는 것	오염되어 있는 것, 상처가 있는 것, 달걀의 모양과 난각의 조직이 현저하게 불량한 것
투광판정	기실	깊이가 4mm 이내	깊이가 8mm 이내	깊이가 12mm 이내	깊이가 1mm 이상
	난황	중심에 위치하며 윤곽이 흐리나 퍼져 보이지 않는 것	거의 중심에 위치하며 윤곽이 뚜렷하고 약간 퍼져 보이는 것	중심에서 상당히 벗어나 있으며 현저하게 퍼져 보이는 것	중심에서 상당히 벗어나 있으며 완전히 퍼져 보이는 것
	난백	맑고 결착력이 강한 것	맑고 결착력이 약간 떨어진 것	맑고 결착력이 거의 없는 것	맑고 결착력이 전혀 없는 것
할란판정	난황	위로 솟음	약간 평평함	평평함	중심에서 완전히 벗어나 있는 것
	농후난백	많은 양의 난백이 난황을 에워싸고 있음	소량의 난백이 난황 주위에 퍼져 있음	거의 보이지 않음	이취가 나거나 변색되어 있는 것
	수양난백	약간 나타남	많이 나타남	아주 많이 나타남	
	이물질	크기가 3mm 미만	크기가 5mm 미만	크기가 7mm 미만	크기가 7mm 이상
	호우단위	72 이상	60 이상~72 미만	40 이상~60 미만	40 미만

자료 : 농림축산식품부고시 제2018-109호(2018. 12. 27), 축산물 등급판정 세부기준

표 **8-2** 달걀의 중량규격

규격	왕란	특란	대란	중란	소란
중량	68g 이상	68g 미만~60g 이상	60g 미만~52g 이상	52g 미만~44g 이상	44g 미만

자료 : 농림축산식품부고시 제2018-109호(2018. 12. 27), 축산물 등급판정 세부기준

5) pH

달걀의 pH에 따라 신선도를 판정할 수 있는데 산란 직후 난백의 pH는 7.0~8.5 사이에 있으나 저장 중 이산화탄소의 증발로 pH가 9.7까지 상승한다. 난황은 산란 직후 pH가 6.0 정도이나 저장 중에 7.0까지 높아진다.

4. 달걀의 조리 특성

달걀은 영양뿐만 아니라 조리 및 가공 적성이 우수하여 식품으로서 이용가치가 매우 높다.

1) 유화성

난황에 함유된 레시틴은 천연의 유화제로 마요네즈의 구성성분에서 필수적이다. 또한 케이크나 슈크림을 만들 때 레시틴의 유화성과 보수성 작용으로 딱딱하지 않고 부드러운 조직감을 갖게 한다. 난황은 난백에 비해 약 4배의 유화력을 갖고 있다.

2) 기포성

난백을 계속 저으면 오브글로블린ovglobulin과 오보뮤신ovomucin 등 단백질막이 유입된 공

기를 둘러쌈으로써 기포가 생긴다.

달걀의 기포성은 난백의 등전점인 pH 4.6~4.7에서 가장 잘 형성되므로 소량의 레몬즙이나 주석산, 구연산 등 산을 넣으면 거품이 안정된다.

또한 신선한 달걀보다 산란 후 1~2주 정도 지난 달걀이 점성이 낮아져 기포성이 좋고, 점성이 높은 농후난백보다 점성이 낮은 수양난백이 거품을 더 빨리 형성하나 안정성은 떨어진다.

30℃ 정도의 실온에서 기포가 잘 형성되나 기포의 상태가 묽고 안정성이 적으므로 안정된 기포를 얻기 위해서는 냉장고에 둔 달걀을 전기 비터로 거품을 내면 안정성이 좋아 거품이 잘 꺼지지 않는다.

거품기를 이용할 때 거품기의 날이 가늘수록 기공의 크기가 작아져 미세하고 안정된 기포가 생긴다. 손으로 거품기를 사용할 때 기포의 크기가 일정하지 않고 묽다. 전기 비터는 기포의 크기가 미세하고 일정하여 안정된 기포를 얻을 수 있으나 프랜치 머랭을 만들 때 지나치게 고속으로 하면 단백질의 결합이 파괴되어 기포가 스펀지처럼 구멍이 뚫리고 삭는다.

지방이나 우유, 소금 등은 기포 형성을 방해하고, 설탕은 점도를 높여 기포성을 떨어뜨려 거품을 만드는 데 시간이 오래 걸리나 기포가 부드럽고 섬세하게 만들며 달걀의 수분을 흡수하여 안정성 있는 거품을 형성할 수 있다. 설탕은 어느 정도 거품을 낸 후 조금씩 첨가하면 안정성 있는 거품을 만들 수 있는데 빠른 시간에 기포의 안정성을 얻으려면 입자가 작은 파우더 슈거를 사용하는 것이 좋다.

파운드 케이크, 스펀지 케이크, 카스텔라는 전란의 기포성을, 엔젤 케이크, 레몬파이, 마시멜로나 머랭은 난백의 기포성을 이용한 식품이다.

3) 응고성

달걀은 가열에 의해 응고하게 되는데, 난백은 약 60℃에서 응고하기 시작하여 70℃에서 거의 응고되며, 80℃에서 단단하게 응고한다. 난황은 65℃에서 응고하기 시작하여

70℃에서 유동성을 상실하고 응고한다. 달걀에 물을 넣어 희석하면 단백질의 양이 줄어들어 응고 온도는 높아지고 질감은 부드러워진다.

설탕은 응고 온도를 높여주고 기공이 적으며 연하고 매끄럽게 해준다.

산이 첨가되면 응고 온도를 낮추어 빨리 응고되고 단단하게 되는데, 특히 pH가 등전점에 가까울수록 응고 온도가 낮게 된다.

소금을 첨가하면 표면 변성을 일으켜 달걀 단백질의 응고를 촉진시키나 표면 광택이 상실되며, 달걀찜이나 커스터드를 만들 때 우유를 넣으면 우유의 칼슘이온이 열 응고를 촉진시킨다.

달걀의 열 응고성을 이용한 식품으로는 달걀찜, 반숙란, 완숙란, 달걀 프라이, 수란, 황·백 알지단 등이 있다.

달걀과 오리알 등을 알칼리에 침지하여 응고·숙성시키면 독특한 풍미를 지닌 피단皮蛋이 된다.

4) 달걀 변색의 원인

달걀을 오랜 시간 가열하면 난황의 주위가 암녹색으로 변색된다. 이 현상은 가열할 때 외부의 압력이 중심부로 미치면서 아미노산의 분해로 난백에서 생성된 황화수소 H_2S와 난황의 철Fe이 반응해 황화제1철FeS을 형성하여 난황 주변이 암녹색으로 변하는 것이다.

달걀이 신선하지 않을수록, 가열온도가 높고 가열 시간이 길수록 황화수소의 양이 증가하여 황화제1철이 많이 생긴다. 예를 들어 달걀을 70℃에서 1시간, 85℃에서 30분간 가열해도 녹변이 일어나지 않지만 100℃에서 15분 이상 가열하면 녹변현상이 일어난다.

삶은 달걀을 찬물에 즉시 넣으면 외부 쪽의 압력이 저하되어 생성된 황화수소가 외부로 이동하여 황화제1철이 거의 형성되지 않는다. 이때 내부 부피도 수축되면서 외부로 향한 압력이 내부 난각의 껍질을 잘 벗겨지게 하는 효과도 있다.

달걀의 신선도 판정

실험재료	신선란	3개	저장란(2주 이상 저장)	3개
	소금물(10%)	1L		
기구 및 기기	유리판(20cm × 20cm) 또는 OHP 필름		비커(1L 1개, 100mL 2개)	
	방안지(모눈종이)		pH 미터(또는 pH 시험지)	
	삼각자			

1. 실험목적

달걀의 비중, 구성성분의 변화 등을 관찰하여 달걀의 신선도 정도를 평가한다.

2. 실험방법

① 비중법 : 1L 비커에 10% 소금물을 넣고 달걀을 넣어 뜨는 상태를 관찰하여 기록한다.

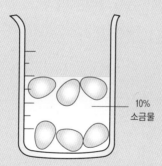

10%
소금물

② 난백계수 : 방안지 위에 유리판이나 OHP 필름을 얹은 후 달걀을 깨어 삼각자로 난백의 직경과
높이를 잰 후 난백계수를 계산한다.

$$\text{난백계수} = \frac{\text{난백의 높이(mm)}}{\text{난백의 지름(mm)}}$$

③ 난황계수 : 난백계수와 같은 방법으로 난황의 높이와 직경을 잰 후 난황계수를 계산한다.

$$난황계수 = \frac{난황의\ 높이(mm)}{난황의\ 지름(mm)}$$

④ pH : 달걀 2개를 난황과 난백으로 구분하여 비커(100mL)에 각각 푼 후 pH 미터로 난황과 난백의 pH를 측정한다.

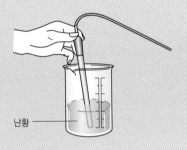

난황

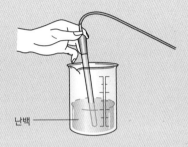

난백

• 달걀의 신선도가 결과에 중요한 요인이므로 신선도의 차이가 없을 때는 결과가 명확하지 않다.

3. 실험결과

시료	비중법[1]	난백계수	난황계수	PH	
				난백	난황
신선란					
저장란					

1) 달걀이 뜨거나 가라앉은 정도를 표시한다.

4. 결론 및 고찰

- 달걀의 신선도 판정방법을 알아본다.

 참고문헌

유화성을 이용한 마요네즈 제조

실험재료	달걀	2개	식용유	300g(100g × 3)
	식초	3Ts(1Ts × 3)	소금	1½ts(1/2ts × 3)
기구 및 기기	전자저울		거품기(또는 에그비터)	
	계량스푼		타이머	
	볼 3개		메스실린더(500mL) 3개	
	숟가락 3개			

1. 실험목적

전란, 난황으로 구분하여 마요네즈를 제조한 후 달걀의 유화성과 안정성을 비교한다.

2. 실험방법

① 달걀 한 개는 전란으로, 다른 한 개는 난백과 난황으로 분리한다.

② 난황, 난백과 전란에 소금, 식초를 넣고 골고루 혼합한 후 식용유 100g을 1/2ts씩 넣으면서 거품기나 에그비터로 젓는다.

　A : 난황 1개 + 식용유 100g + 식초 1Ts + 소금 1/2ts

　B : 난백 1개 + 식용유 100g + 식초 1Ts + 소금 1/2ts

　C : 전란 1개 + 식용유 100g + 식초 1Ts + 소금 1/2ts

③ 식용유 양의 1/2 정도 들어가 용량이 증가하면 식용유를 1Ts씩 넣으면서 잘 저어 마요네즈를 제조한다.

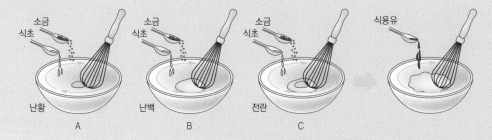

④ 이때 각각의 마요네즈가 제조되는 시간을 적고 메스실린더에 담아 용량을 측정하고, 관능적 특성을 측정한다.

⑤ 제조된 마요네즈를 상온에 1시간 방치하면서 분리되는 시간을 측정한다.

3. 실험결과

결과 \ 시료	A 난황	B 난백	C 전란
제조시간(분)			
용량(mL)			
분리되는 시간(분)			
관능적 특징[1] 색			
관능적 특징[1] 맛			
관능적 특징[1] 유화상태			

1) 묘사법

4. 결론 및 고찰

- 달걀의 유화성에 대하여 알아본다.

 참고문헌

첨가물에 따른 달걀의 기포성

실험재료	난백	4개		설탕	2Ts
	레몬즙	1Ts		식용유	1/2ts
기구 및 기기	비커(250mL) 4개			계량스푼	
	에그비터 4개			타이머	
	볼 4개				

1. 실험목적

난백에 첨가되는 물질들이 기포 형성과 안정성에 미치는 영향을 알아본다.

2. 실험방법

① 난백과 첨가물을 넣고 볼을 거꾸로 들었을 때 거품이 떨어지지 않을 때까지 에그비터로 거품을 내면서 거품 형성 시간을 측정한다.
② 외관을 관찰해 묘사법으로 기록한다.

    A : 난백 1개
    B : 난백 1개 + 설탕 2Ts
    C : 난백 1개 + 레몬즙 1Ts
    D : 난백 1개 + 식용유 1/2ts

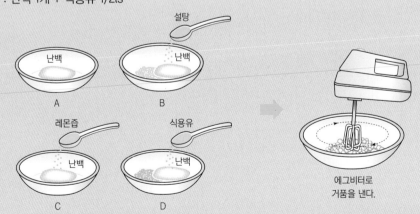

③ 형성된 거품을 비커에 옮겨 교반 직후, 30분, 1시간 후에 각각 기포에서 분리된 유출액의 양을 관찰하여 순위법으로 기록한다.

3. 실험결과

결과 ＼ 시료	A 난백	B 난백 + 설탕	C 난백 + 레몬즙	D 난백 + 소금
거품 형성시간(분)				
거품의 외관[1]				
유출량[2] 교반 직후				
유출량[2] 30분				
유출량[2] 1시간				

1) 묘사법
2) 순위법(유출량이 적은 순으로)

4. 결론 및 고찰

- 기포성 원리를 알아본다.
- 기포성에 영향을 미치는 요인에 대해 알아본다.

 참고문헌

실험 4

달걀의 응고성과 변색

실험재료	달걀 6개		
기구 및 기기	냄비	칼	
	접시 2개	타이머	
	볼	체	

1. 실험목적

달걀의 가열 시간에 따른 응고 정도, 변색 정도와 껍질이 벗겨지는 상태를 알아본다.

2. 실험방법

① 냄비에 달걀을 넣고 다음 조건에 따라 실험한 후 관찰한다.

A : 달걀을 찬물에 넣고 물이 끓기 시작하면 6분간 가열 → 찬물에 담근다.
B : 달걀을 찬물에 넣고 물이 끓기 시작하면 6분간 가열 → 실온에 방치한다.
C : 달걀을 찬물에 넣고 물이 끓기 시작하면 12분간 가열 → 찬물에 담근다.
D : 달걀을 찬물에 넣고 물이 끓기 시작하면 12분간 가열 → 실온에 방치한다.
E : 달걀을 찬물에 넣고 물이 끓기 시작하면 18분간 가열 → 찬물에 담근다.
F : 달걀을 찬물에 넣고 물이 끓기 시작하면 18분간 가열 → 실온에 방치한다.

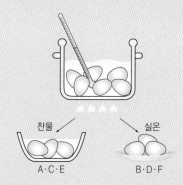

② 껍질을 벗길 때 상태를 기록한다.
③ 달걀을 반으로 잘라 난백과 난황의 응고 상태와 난황 주변의 색을 관찰하여 묘사법으로 기록한다.

3. 실험결과

시료	껍질의 벗겨진 상태[1]	응고상태[2]		난황 주변 색[3]
		난황	난백	
A 6분＋찬물				
B 6분＋실온				
C 12분＋찬물				
D 12분＋실온				
E 18분＋찬물				
F 18분＋실온				

1)~3) 묘사법

4. 결론 및 고찰

- 황화제1철(FeS)의 생성요인 및 방지법을 알아본다.

 참고문헌

난액의 농도에 따른 달걀찜 비교

실험재료	달걀 4개	소금	1.5g(0.5g × 3)
	물 125g(50g + 75g)		

기구 및 기기	사기 공기 3개	타이머	
	접시(큰 것) 3개	체	
	찜통	랩	
	볼 2개	칼	
	전자저울		

1. 실험목적

달걀은 단백질의 농도, 염류, pH, 가열온도 등에 따라 응고에 영향을 받는다. 난액의 농도에 따른 달걀찜의 특성을 비교한다.

2. 실험방법

① 달걀 4개를 한꺼번에 잘 풀어서 체에 걸러 놓는다.
② 전란 및 물을 넣은 난액을 각각 100g, 소금 0.5g씩 사기 공기에 담은 후 잘 섞는다.

  A : 전란 100g + 소금 0.5g
  B : 전란 50g + 물 50g + 소금 0.5g
  C : 전란 25g + 물 75g + 소금 0.5g

③ 각각 난액의 색을 기록한다.
④ 냄비에 난액을 담은 사기 공기를 넣고 뚜껑이나 랩으로 감싼 후 가열하고 물이 끓기 시작하면 최대한 약한 불로 조절하여 15분간 가열한다.

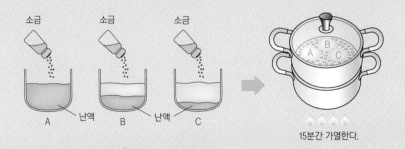

15분간 가열한다.

⑤ 가열이 끝나면 달걀찜을 접시에 담아 칼로 자른다.
⑥ 달걀찜의 색, 단면 및 기공상태, 부드러운 정도, 맛을 비교하여 묘사법으로 평가하고, 전체적인
　기호도를 순위법으로 작성한다.

* 달걀을 체에 거르지 않으면 덩어리 때문에 비교가 되지 않으므로 꼭 체에 거른다.

3. 실험결과

결과 \ 시료	A 전란	B 전란 + 물 50g	C 전란 + 물 75g
난액의 색[1]			
색[2]			
달걀찜 단면 및 기공상태[3]			
달걀찜 부드러운 정도[4]			
맛[5]			
전체적인 기호도[6]			

1)~5) 묘사법
6) 순위법(기호도가 좋은 것부터)

4. 결론 및 고찰

- 달걀의 열 응고성에 영향을 미치는 요인을 알아본다.

 참고문헌

우유의 조리

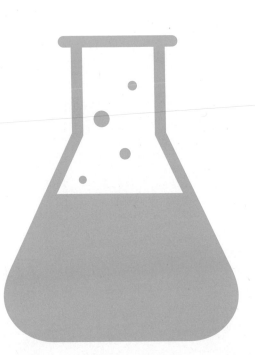

9—
우유의
조리

학습목적
우유의 구성성분과 조리 시 일어나는 변화를 이해함으로써 우유를 이용한 조리·
가공 시 활용한다.

학습목표
1 우유의 성분과 종류를 이해할 수 있다.
2 우유 조리 시 열, 산, 효소, 염류에 의한 우유의 응고현상에 대한 원리를 이해할
  수 있다.
3 가열에 의해 우유의 피막 형성, 갈색화 현상, 냄새 형성, 침전물 형성에 대한 원
  리를 이해할 수 있다.

1. 우유의 성분과 종류

1) 우유의 성분

우유의 성분은 소의 종류, 사료, 계절, 수유단계에 따라 성분의 차이가 나지만 거의 모
든 영양소가 들어 있고 소화·흡수가 잘되는 알칼리성 식품이다.

  우유의 수분함량은 87~88%이고 고형성분은 12~13%이며, 고형성분은 지방3~4%
과 지방을 뺀 탈지고형분3.5~9.0%으로 나누어진다. 탈지고형분은 유당4.0~5.5%, 단백질
3~4%, 무기질0.5~1.1% 등으로 이루어져 있다. 우유의 단백질은 열에 의해서 잘 응고되지
않으나 산이나 레닌에 의해 응고되는 카세인과 카세인이 응고할 때 상층액에 존재하
는 유청 단백질비카세인 단백질로 나누어진다.

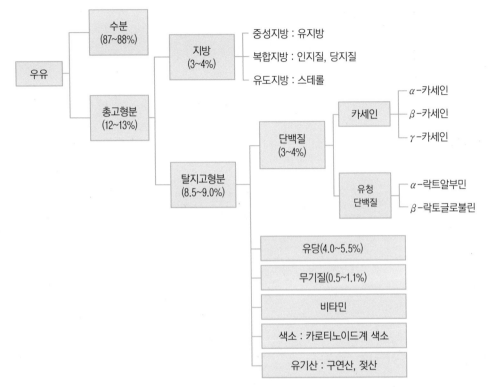

그림 **9-1** 우유의 성분조성

2) 우유의 종류

우유류는 원유를 살균하거나 멸균처리한 우유와 유지방 성분을 조정 또는 원유성분과 유사하게 한 환원유가 있다.

유가공품으로는 영양성분을 강화하거나 유산균 첨가, 유당을 분해 또는 제거한 가공유류, 유산균 또는 효모로 발효시킨 발효유류, 원유 또는 우유류를 농축한 농축우유류, 유지방분을 분리한 유크림류, 유지방분을 분리 또는 발효시킨 버터류, 원유 또는 유가공품에 유산균, 응유효소, 유기산 등을 가하여 응고, 가열, 농축 등의 공정을 거쳐 제조·가공한 치즈류, 원유 또는 탈지유를 가공한 분말상의 분유류, 생유청을 농축, 분말로 한 유청류 등 다양한 종류가 있다.

표 **9-1** 우유 및 유가공품의 분류 및 식품 유형

우유 및 유가공품의 분류		식품유형
우유류	우유	원유를 살균 또는 멸균 처리한 것(원유 100%)
	환원유	유가공품으로 원유성분과 유사하게 환원하여 살균 또는 멸균 처리한 것으로 무지유고형분 8% 이상의 것
가공유류	강화유	우유류에 비타민 또는 무기질을 강화할 목적으로 식품첨가물을 가한 것(우유류 100%. 단, 식품첨가물 제외)
	유산균첨가우유	우유류에 유산균을 첨가한 것(우유류 100%, 단, 유산균 제외)
	유당분해우유	원유의 유당을 분해 또는 제거한 것이나, 이에 비타민, 무기질을 강화한 것으로 살균 또는 멸균 처리한 것. 유당 1.0% 이하
	가공유	원유 또는 유가공품에 식품 또는 식품첨가물을 가한 것으로 식품유형 강화유, 유산균첨가우유, 유당분해우유에 정하여지지 아니한 가공류
산양유		산양의 원유를 살균 또는 멸균 처리한 것(산양의 원유 100%)
발효유류	발효유	원유 또는 유가공품을 발효시킨 것이거나, 이에 식품 또는 식품첨가물을 가한 것으로 무지유고형분 3% 이상의 것
	농후발효유	원유 또는 유가공품을 발효시킨 것이거나, 이에 식품 또는 식품첨가물을 가한 것으로 무지유고형분 8% 이상의 호상 또는 액상의 것
	크림발효유	원유 또는 유가공품을 발효시킨 것이거나, 이에 식품 또는 식품첨가물을 가한 것으로 무지유고형분 3% 이상, 유지방 8% 이상의 것
	농후크림발효유	원유 또는 유가공품을 발효시킨 것이거나, 이에 식품 또는 식품첨가물을 가한 것으로 무지유고형분 8% 이상, 유지방 8% 이상의 것
	발효버터유	버터유를 발효시킨 것으로 무지유고형분 8% 이상의 것
	발효유분말	원유 또는 유가공품을 발효시킨 것이거나 이에 식품 또는 식품첨가물을 가하여 분말화한 것으로 유고형분 85% 이상의 것
버터유		우유의 크림에서 버터를 제조하고 남은 것을 살균 또는 멸균 처리한 것이거나 이를 분말화한 것(원료 버터유 100%)
농축유류	농축우유	원유를 그대로 농축한 것
	탈지농축우유	원유의 유지방분을 0.5% 이하로 조정하여 농축한 것
	가당연유	원유에 당류를 가하여 농축한 것
	가당탈지연유	원유의 유지방분을 0.5% 이하로 조정한 후 당류를 가하여 농축한 것
	가공연유	원유 또는 우유류에 식품 또는 식품첨가물을 가하여 농축한 것
유크림류	유크림	원유 또는 우유류에서 분리한 유지방분으로 유지방분 30% 이상의 것
	가공유크림	유크림에 식품 또는 식품첨가물을 가하여 가공한 것으로 유지방분 18% 이상(분말 제품의 경우 50% 이상)의 것

(계속)

우유 및 유가공품의 분류		식품유형
버터류	버터	원유, 우유류 등에서 유지방분을 분리한 것 또는 발효시킨 것을 교반하여 연압한 것(식염이나 식용색소를 가한 것 포함)
	가공버터	버터의 제조·가공 중 또는 제조·가공이 완료된 버터에 식품 또는 식품첨가물을 가하여 교반, 연압 등 가공한 것
	버터오일	버터 또는 유크림에서 수분과 무지유고형분을 제거한 것
치즈류	자연치즈	원유 또는 유가공품에 유산균, 응유효소, 유기산 등을 가하여 응고시킨 후 유청을 제거하여 제조한 것. 또한, 유청 또는 유청에 원유, 유가공품 등을 가한 것을 농축하거나 가열 응고시켜 제조한 것
	가공치즈	자연치즈를 원료로 하여 이에 유가공품, 다른 식품 또는 식품첨가물을 가한 후 유화 또는 유화시키지 않고 가공한 것으로 자연치즈 유래 유고형분 18% 이상인 것
분유류	전지분유	원유에서 수분을 제거하여 분말화한 것(원유 100%)
	탈지분유	탈지유(유지방 0.5% 이하)에서 수분을 제거하여 분말화한 것(탈지유 100%)
	가당분유	원유에 당류(설탕, 과당, 포도당, 올리고당류)를 가하여 분말화한 것 원유 100%, 첨가한 당류는 제외).
	혼합분유	원유, 전지분유, 탈지유 또는 탈지분유에 곡분, 곡류가공품, 코코아가공품, 유청, 유청분말 등의 식품 또는 식품첨가물을 가하여 가공한 분말상의 것으로 원유, 전지분유, 탈지유 또는 탈지분유(유고형분으로서) 50% 이상의 것
유청류	유청	생유청을 살균 또는 멸균 처리한 것
	농축유청	생유청을 농축한 것
	유청단백분말	생유청에서 유당이나 무기질 등을 제거하여 분말화한 것
유당		탈지유 또는 유청에서 탄수화물 성분을 분리하여 분말화한 것(원유 또는 유가공품 100%)
유단백 가수분해식품		유단백을 효소 또는 산으로 가수분해하여 가공한 것 또는 이에 식품 또는 식품첨가물을 가한 것

자료 : 식품공전 고시 제2021-26호(2021.3.25.), 제5장 식품별 기준 및 규격, 18. 유가공품

2. 우유의 조리 특성

우유는 유동성이 있어 다른 재료와 잘 섞이고 음식에 부드러운 촉감, 맛, 향을 준다. 화이트소스와 같이 음식의 색을 희게 해주기도 하고 쿠키 등과 같이 보기 좋은 갈색

을 띠게 하기도 한다. 또한 단백질의 겔gel 강도를 높여주고, 생선이나 소간 등 비린내를 감소시키는 등 조리에 다양하게 사용된다.

1) 응고 현상

(1) 열

열에 불안정한 단백질은 가열에 의해 응집현상을 일으켜 응고 침전한다.

유청단백질 중의 락트알부민lactalbumin은 열에 불안정하여 가열에 의해 응고되기 쉬워 63℃ 이상이 되면 약간의 온도 상승에 의해서도 응고량이 많아진다. 락토글로불린clatoglobulin도 열응고성 단백질로 락트알부민보다는 열에 더 안정하나 61.7℃에서 30분간 살균처리하면 약 5%가 응고한다. 한편, 카세인은 칼슘이나 마그네슘과 결합해서 극히 안정된 상태로 되어 있기 때문에 보통 가열에 의해서는 응고되지 않는다.

(2) 산

우유의 카세인은 등전점이 pH 4.6~4.7이므로 우유 자체에서 생성된 산이나 외부로부터의 산 첨가에 의해 응고물을 형성한다. 또한 우유에 유산균을 접종하면 유당의 발효에 의해 젖산이 생성되고, 이때 생성된 젖산으로 인해 우유의 pH가 저하되어 카세인의 안정성이 파괴되면서 우유가 응고하게 된다. 이러한 성질을 이용하여 치즈나 요구르트와 같은 유제품을 만든다.

채소나 과일을 우유와 함께 조리할 때 채소와 과일의 유기산은 우유의 응고를 촉진시킨다. 이러한 현상은 토마토 크림수프를 만들 때 토마토를 많이 넣어 조리하면 토마토의 산도가 pH 4.4~4.6 정도이므로 열을 가하지 않아도 카세인의 등전점인 pH 4.6 가까이 있게 되어 응고가 일어난다. 그러므로 토마토 크림수프 제조 시 토마토는 맨 마지막에 넣는다.

(3) 효소

우유에 응유효소인 레닌rennin을 작용시키면 주로 카세인은 응고물curd과 투명한 황록색의 수용액인 유청단백질로 나누어진다.

카세인에는 α-카세인, β-카세인, γ-카세인, κ-카세인이 있다. 미셀을 안정화시키는 κ-카세인은 레닌에 의하여 일단 수용성인 파라-κ-카세인para-κ-casein과 당을 함유한 글리코펩티드glycopeptide로 분해가 되어 미셀 구조가 불안정하게 됨에 따라 파라-κ-카세인이 서로 가까이 접근하여 소수성 결합에 의해 응고하게 된다. 이를 이용하여 치즈를 제조한다.

레닌에 의한 응고물은 산에 의한 응고물보다 칼슘을 더 많이 함유하며 더 단단하고 질기다. 레닌은 60℃ 이상에서 열에 의해 불활성화되므로 우유를 응고시키기에 적합한 온도는 40℃이다.

(4) 염류

우유는 염류에 의해 응고되는데, 그 예로 소금은 카세인이나 알부민을 응고시키고 특히 고온에서 촉진된다. 햄은 상당량의 염이 있기 때문에 우유에 햄을 넣고 가열하면 응고하게 된다.

2) 피막 형성

우유를 뚜껑이 없는 냄비에서 약 40℃ 이상으로 가열하면 대류가 일어나 물보다 가벼운 지방이 상층에 모이게 되고 공기와 우유의 경계면에서부터 피막이 형성되고 가열온도와 시간이 증가함에 따라 두꺼워진다. 피막 성분은 70% 이상이 지방이고, 20~25%는 대부분 유청단백질이다. 우유를 뚜껑을 덮고 가열하거나 천천히 저어가면서 가열하면 피막 형성을 방지할 수 있다.

3) 갈색화 현상

우유를 고온에서 장시간 가열하면 우유에 함유되어 있는 단백질과 유당에 의해 갈색화 현상이 나타난다. 즉, 아미노기를 가진 카세인과 카르보닐기를 가진 유당 사이에 아미노카르보닐 반응amino-carbonyl reaction이 일어나 멜라노이딘melanoidine이라는 갈색 물질이 생성되었기 때문이다. 아미노카르보닐 반응을 마이야르 반응maillard reaction이라고도 하며 이 반응은 120℃에서 5분 이상 가열하면 쉽게 일어난다.

4) 냄새 형성

우유를 75℃ 이상으로 가열하면 독특한 익은 냄새cooked flavor, 가열취가 난다.

그 냄새성분은 유청단백질 중 β-락토글로불린의 열변성에 의해 활성화한 황화수소기-SH에서 생성된 휘발성 황화물이나 황화수소H_2S이다.

5) 침전물 형성

우유의 무기질 중 인과 칼슘은 가열에 의해 변화되는데 우유를 63℃ 이상으로 가열하면 가용성인 칼슘과 인이 불용성의 인산삼칼슘$Ca_3(PO_4)_2$이 되어 침전한다. 우유를 60~80℃로 가열했을 때 칼슘은 0.4~9.8%, 인은 0.8~9.5% 정도 감소한다.

가열 시 우유의 변화

실험재료	우유 1/2C	
기구 및 기기	비커(500mL)	계량컵 1/2C

1. 실험목적

우유를 가열하였을 때 우유에 나타나는 변화, 즉 피막과 침전물의 생성과정을 관찰한다.

2. 실험방법

① 500mL 비커에 우유 1/2C을 넣고 아주 약한 불에 얹어 20분간 젓지 말고 가열한다.
② 표면의 피막과 비커 바닥의 침전물 형성 유무를 관찰하고 생성된 모습을 묘사법으로 관능평가
한다.

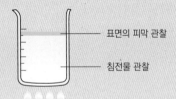

표면의 피막 관찰

침전물 관찰

• 가열에 의해 생긴 막은 증기의 증발을 막아 우유가 일시에 끓어 넘칠 수도 있다.
• 우유 가열 시 뚜껑을 닫고 끓이면 피막이 생기지 않는다. 또한 천천히 저어가면서 끓이거나 우유를 희석시
키거나 표면에 무엇을 얹어 끓이면 피막이 생기지 않는다.

3. 실험결과

현상	생성 유무	생성된 모습[1]
표면의 피막		
비커 바닥의 침전물		

1) 묘사법

4. 결론 및 고찰

- 우유 가열에 의해 생성된 침전물의 성분에 대해 알아본다.
- 우유 가열에 의해 생성된 피막의 성분에 대해 알아본다.

 참고문헌

한눈에 보이는 실험조리

우유의 응고성을 이용한 코티지 치즈의 품질 비교

실험재료	우유	400g	레몬즙	30g
기구 및 기기	pH 미터(또는 pH 시험지) 작은 냄비 온도계		전자저울 면포 체	

1. 실험목적

산에 의한 우유의 응고성을 이해한다.

2. 실험방법

① 우유의 pH를 측정한다.
② 작은 냄비에 우유 400g을 넣고 불에 얹어 저으면서 50℃까지 데운다.
③ 데운 우유를 30~40℃로 식힌 후 레몬즙 30g을 넣고 고루 저어준다.
④ 응고되면 다시 pH를 측정한다.
⑤ 10분 정도 지난 후, 체에 면포를 얹고 밑에는 그릇을 받쳐서 ④를 조금씩 부어 거른다.
⑥ 면포에 남은 응고물을 꼭 짜서 물기를 빼고 코티지 치즈(cottage cheese)의 중량을 측정한 후 다음 식에 의해 수율을 계산한다.

$$수율(\%, \text{W/W}) = \frac{코티지\ 치즈\ 중량(g)}{우유의\ 양(g)} \times 100$$

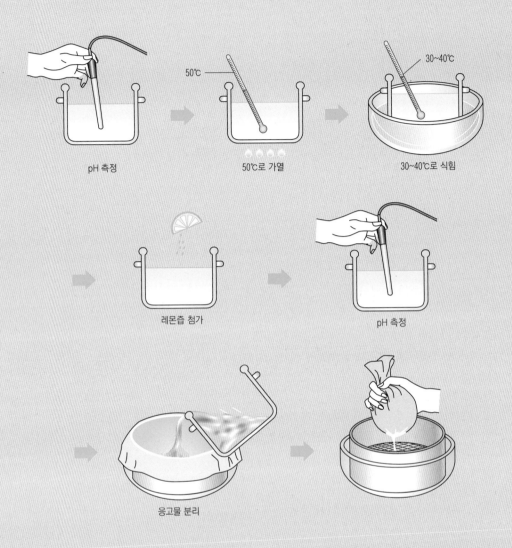

pH 측정

50℃

50℃로 가열

30~40℃

30~40℃로 식힘

레몬즙 첨가

pH 측정

응고물 분리

⑦ 유청의 색과 투명도를 관찰하고 제조된 커티즈 치즈의 색, 외관, 촉감, 맛을 묘사법으로 관능평
가한다.

3. 실험결과

🧪 pH의 변화

구분	우유	우유 + 레몬즙
pH		

⚗️ 치즈의 양과 수율

우유의 양	치즈의 중량	치즈의 수율(%, W/W)

🧪 치즈의 관능검사

유청	색[1]	
	투명도[2]	
치즈	색[3]	
	외관[4]	
	촉감[5]	
	맛[6]	

1)~6) 묘사법

4. 결론 및 고찰

- 코티지 치즈의 제조 원리와 제조 방법을 알아본다.

 참고문헌

한눈에 보이는 실험조리

실험 3

우유의 응고성을 이용한 요구르트 제조

실험재료	우유	200g	플레인 요구르트	1Ts
기구 및 기기	작은 냄비		온도계	
	알루미늄 호일		계량스푼	
	컵		전자저울	
	온장고(또는 항온기)			

1. 실험목적

우유의 조리 특성을 이해하고 요구르트 제조 원리를 알아본다.

2. 실험방법

① 작은 냄비에 우유 200g을 넣은 후 50℃로 데운다.
② 데운 우유를 컵에 담고 시판하는 플레인 요구르트 1Ts을 넣어 잘 섞어 담는다.
③ 위의 혼합물에 알루미늄 호일을 덮은 뒤 47℃의 온장고에서 6~8시간 발효시킨다.
④ 우유가 발효된 다음 4시간이 지난 후 냉장하여 제조된 요구르트를 평가한다.
⑤ 제조된 요구르트의 외관, 촉감, 맛을 묘사법으로 관능평가한다.

50℃ 가열   플레인 요구르트   온장고
47℃에서 6~8시간 발효

3. 실험결과

요구르트의 관능검사

외관[1]	
촉감[2]	
맛[3]	

1)~3) 묘사법

4. 결론 및 고찰

- 요구르트 제조 원리를 알아본다.

 참고문헌

콩류의 조리

10 —
콩류의
조리

학습목적
주요 대두 단백질의 특성을 이해하고 단백질의 특성이 조리과정에 미치는 영향을
알아본다.

학습목표
1 콩의 연화방법을 이해하고 콩조림의 조리방법을 이해할 수 있다.
2 대두 단백질의 응고성을 이해하고 두부 조리방법을 이해할 수 있다.

1. 콩류의 종류

콩류의 종류는 단백질과 지질 함량이 높은 대두, 땅콩, 단백질과 탄수화물 함량이 높은 팥, 녹두, 완두, 강낭콩, 동부, 잠두, 수분 함량과 비타민 C의 함량이 높아 채소로 취급되는 풋완두, 풋콩, 날개콩 등으로 분류한다.

2. 콩류의 조리 특성

대부분의 콩류는 단백질 함량이 20~40%로 높은데, 특히 단백질 함량이 가장 높은 대두의 주요 단백질은 글리시닌이며 땅콩에는 대부분 아라킨이 함유되어 있다. 콩류는 조리하기 전에 장시간 물에 담가서 충분히 흡수되도록 한 후 가열 조리하는 것이 좋다.

1) 수침

수분의 흡수속도는 콩의 종류에 따라 다르며, 팥은 표피가 단단하여 현저하게 흡수가 느려서 침수시키지 않고 바로 삶아 사용하는 경우가 많다.

콩의 수분 흡수속도는 수온에 따라 달라지는데 본래 콩 중량의 90~100%의 물이 흡수된다. 20℃에서는 4~5시간, 40℃에서는 2~3시간, 60~98℃에서는 40분~1시간이 필요하다.

2) 연화

마른 콩을 침수시킬 때 1%의 소금물에 담가두었다가 그 용액에서 직접 가열하면 콩이 훨씬 부드럽게 익는다. 이러한 콩의 연화는 콩의 주요 단백질인 글리시닌glycinin이 소금과 같은 중성염용액에 잘 용해되기 때문이다. 또한 콩의 식이섬유는 식소다중조 등 알칼리 용액에서 연화되는 성질이 있다. 그러나 조리 시 경수를 사용하면 경수 중의 칼슘Ca^{2+}과 마그네슘Mg^{2+} 이온이 콩의 펙틴pectin 물질과 결합해 콩의 연화를 저해한다.

3) 가열 변화

보통 날콩 속에는 소화를 억제하는 트립신 저해물질trypsin inhibitor이 있어서 소화를 방해하지만, 가열하면 파괴되어 단백질의 이용률을 높인다. 콩 제품에서 트립신 저해물질을 제거하거나 불활성화시키지 않고 그대로 섭취하게 되면, 단백질의 소화가 억제될 뿐만 아니라 함황아미노산의 결핍이 일어나서 성장을 저해시키는 주요 원인이 된다고 알려져 있다.

3. 콩나물의 조리

대두를 수침 후 발아시킨 콩나물은 발아하면서 비타민 C, 카로틴, 아스파르트산, 글루탐산의 양이 증가하며, 복부팽만감을 일으키는 올리고당과 피틴산은 발아하는 동안 분해된다.

콩나물국을 끓일 때 뚜껑을 열면 비린내가 나는데, 비린내 성분은 콩나물에 있는 리폭시게나아제lipoxygenase에 의한 불포화지방산의 산화로 생성된다.

4. 두부의 조리

두부는 불린 콩을 분쇄한 후 끓여서 불용성 성분을 제거한 두유에 응고제를 넣어서

표 10-1 두부 응고제의 종류

응고제	첨가 시 두유 온도	용해성	장점	단점
염화칼슘 $CaCl_2$	75~80℃	수용성	• 응고시간이 빠르다. • 보존성이 양호하다. • 입착 시 물이 잘 빠져 능률적이다. • 동두부(凍豆腐) 제조 시 사용한다.	• 수율이 낮다. • 두부가 약간 거칠고 단단하다.
황산칼슘 $CaSO_4 \cdot 2H_2O$	80~85℃	난용성	• 두부의 색이 우수하고 탄력성이 있다. • 맛이 뛰어나다.	• 난용성으로 더운 물에 20배로 희석해서 사용한다. • 겨울철에는 사용이 어렵다.
염화마그네슘 $MgCl_2 \cdot 6H_2O$	75~80℃	수용성	• 응고제로 주로 사용되어 왔다. • 맛이 뛰어나다.	• 강한 쓴맛을 띤다. • 압착 시 물이 잘 빠지지 않는다. • 순간적으로 응고되므로 고도의 기술이 필요하다.
글루코노델타락톤 glucono−δ−lactone $C_6H_{10}O_6$	85~90℃	수용성	• 사용이 쉽고 응고력이 우수하다. • 수율이 높다. • 연·순두부용으로 사용한다.	• 약간의 신맛이 있다.

자료 : 송태희 외, 2020, 이해하기 쉬운 조리과학, 교문사, p. 276

대두 단백질인 글리시닌을 응고시킨 것으로 응고물을 압착하고 성형한 것이다. 두부의 제조원리는 대두 단백질인 글리시닌이 열에는 안정하지만 칼슘염, 마그네슘염, 산에 불안정하여 응고되는 성질을 이용하여 만든 것이다. 두부 제조용 응고제로는 황산칼슘^{CaSO_4}, 염화마그네슘^{MgCl_2}, 황산마그네슘^{MgSO_4}, 염화칼슘^{CaCl_2}, 글루코노델타락톤$^{glucono-\delta-lactone \; ; \; GDL}$, 초산$^{acetic\ acid}$ 등이 사용된다. 응고제는 대두의 1~2%를 사용하며, 응고제의 사용량이 많거나 가열시간이 길거나 가열온도가 높으면 두부가 단단해진다.

실험 1

첨가 물질이 콩의 연화에 미치는 영향

실험재료	마른 콩* 80g(20g × 4)	식소다	1/2ts
	* 콩은 하루 전에 불려 둔다.	식초	2Ts
	소금 2ts	물	8C(2C × 4)
기구 및 기기	냄비 4개	pH 미터(또는 pH 시험지)	
	전자저울	숟가락	
	계량스푼	그릇	
	계량컵	체	

1. 실험목적

콩의 주 단백질인 글리시닌(glycinin)은 염용액에 잘 용해되며 콩의 식이섬유도 알칼리 용액에서 연화되는 성질이 있다. 이를 바탕으로 첨가 물질에 따른 콩의 연화 정도를 비교 관찰한다.

2. 실험방법

① 조리수를 다음 조건으로 만들어 각각 pH를 측정한 후 불린 콩을 넣고 30분 정도 끓인다.

   A : 콩 20g + 물 2C
   B : 콩 20g + 물 2C + 소금 2ts
   C : 콩 20g + 물 2C + 식소다 1/2ts
   D : 콩 20g + 물 2C + 식초 2Ts

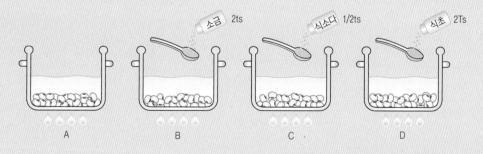

② 끓인 콩을 체에 건져 조직감을 묘사법으로 평가하고, 연한 정도를 순위법으로 평가한다.

3. 실험결과

시료	조리수의 pH	조직감[1]	연함 정도[2]
A			
B 소금			
C 식소다			
D 식초			

1) 묘사법
2) 순위법(연한 것부터)

4. 결론 및 고찰

- 콩의 연화를 위한 방법을 알아본다.

 참고문헌

응고제에 의한 콩 단백질의 변화(두부 만들기)

실험재료	콩(대두)*	400g	염화마그네슘($MgCl_2$)	4g
	* 콩은 하루 전에 불려 둔다.		GDL(glucono-δ-lactone)	4g
	물	10C(8C+2C)		
기구 및 기기	블렌더		온도계(100℃)	
	냄비		큰 볼	
	나무주걱		전자저울	
	두부 성형틀		큰 냄비	
	고운체(베 보자기)			

1. 실험목적

응고제에 의한 콩 단백질의 응고 원리를 알고 두부의 제조 과정을 안다.

2. 실험방법

① 콩 400g의 무게를 잰 후 하루 전에 불려서 준비한다.

② GDL 4g과 염화마그네슘 4g을 각각 물 1/2C에 녹여 준비한다.

③ 블렌더에 콩이 잠길 정도의 물(8C)을 붓고 30초 3회 정도 간다.

④ ③의 시료를 큰 냄비에 붓고 2C의 물을 사용하여 블렌더를 씻어 큰 냄비에 붓는다. 간 콩을 눌지 않도록 잘 저어가면서 10분간 가열한 후 고운체나 베 보자기에 넣어 간 콩을 짠 후 콩국과 비지로 분리한다.

⑤ 분리된 콩국을 동량으로 둘로 나누고 콩국의 온도가 80~85℃가 되면 응고제인 GDL과 염화마그네슘을 각각 3~4회로 나누어 서서히 넣어 주면서 주걱으로 조심스럽게 섞어 준다.

⑥ 엉기기 시작하면 젓지 말고 5~10분 정도 방치하여 황갈색의 맑은 용액이 분리되면 두부가 응고된 것이다.

⑦ 베 보자기를 깐 구멍난 상자(또는 두부 성형틀)에 ⑥의 시료를 부어 두부를 만드는데 이때 물이 빠지면 응고물이 성형된다. 베 보자기로 덮고 중량을 가하여 성형시킨다.

⑧ 찬물 속에 담그고 식으면 헝겊을 벗겨내어 두부 중량을 재서 두부 수율을 계산한다.

$$두부 수율(\%) = \frac{두부의 중량(g)}{생콩의 중량(g)} \times 100$$

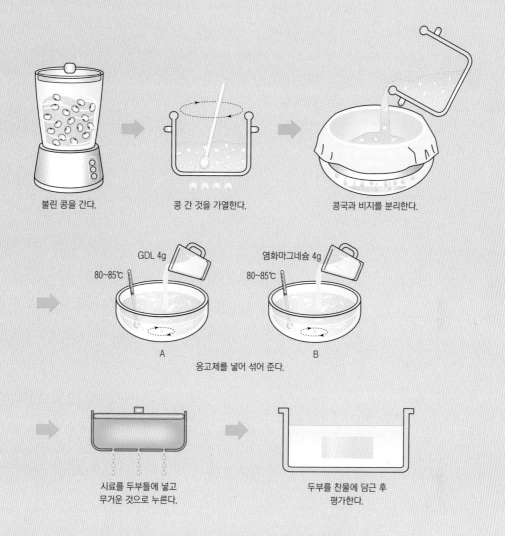

불린 콩을 간다.

콩 간 것을 가열한다.

콩국과 비지를 분리한다.

GDL 4g
80~85℃
A

염화마그네슘 4g
80~85℃
B

응고제를 넣어 섞어 준다.

시료를 두부틀에 넣고
무거운 것으로 누른다.

두부를 찬물에 담근 후
평가한다.

⑨ 두부를 적당한 크기로 잘라 맛, 색, 자른 단면의 상태를 묘사법으로 평가한다.

3. 실험결과

응고제	콩 중량 (g)	두부 중량 (g)	두부 수율 (%)	맛[1]	색[2]	자른 단면의 상태[3]
A GDL						
B 염화마그네슘						

1)~3) 묘사법

한눈에 보이는 실험조리

4. 결론 및 고찰

- 두부의 제조 원리를 알아본다.
- 두부 응고제에 따른 두부의 특성을 알아본다.

📖 **참고문헌**

유지류의 조리

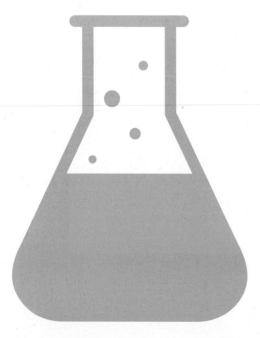

11—
유지류의
조리

학습목적
유지류의 조리이론과 합리적인 조리법을 이해하고 조리가공 및 식단관리를 이해
한다.

학습목표
1 유지류의 성질과 튀김유와 튀김옷에 대하여 이해할 수 있다.
2 유지의 산패 및 방지법을 이해할 수 있다.
3 튀김 온도에 따른 중량 변화를 이해할 수 있다.
4 튀김옷 성분에 따른 품질 차이를 이해할 수 있다.

1. 식용유지의 분류

식용유지는 대부분 글리세롤과 지방산이 에스테르 결합한 상태이다. 식물성 유지는
불포화지방산이 많아 보통 상온에서 액체인 반면, 동물성 지방은 포화지방산이 많아
상온에서 대부분 고체이다. 또한 액체류인 불포화지방산에 수소를 첨가하여 고체화
한 마가린이나 쇼트닝 등의 경화유지는 가공유지라 한다.

2. 유지의 성질

1) 융점

융점은 고체 지방이 액체 기름으로 되는 온도를 말하는데, 유지는 구성지방산의 종류
에 따라 서로 다른 융점 범위를 갖는다. 포화지방산과 고급지방산이 많을수록 융점이

높아지고 불포화지방산 및 저급지방산이 많을수록 융점은 낮아진다. 코코넛유와 같이 10~12개의 탄소수를 갖는 포화지방산을 함유한 것은 융점이 중간 정도이고, 양고기 지방처럼 탄소결합이 길며 포화지방산을 다량 함유한 것은 융점이 높다.

2) 유화성

(1) 유화와 유화액

기름은 물에 용해되지 않는 성질을 가지고 있어 물과 혼합될 수 없다. 그러나 한 분자 내에 친수기와 소수기를 함께 가지고 있는 레시틴과 같은 유화제를 넣어주면 기름은 작은 입자가 되어 물에 분산되어 콜로이드상의 유화액을 형성한다. 이와 같은 현상을 유화라고 한다.

유화액에는 수중유적형Oil in Water emulsion ; O/W형과 유중수적형Water in oil Emulsion ; W/O형의 두 종류가 있다.

① 수중유적형

수중유적형은 물속에 기름이 분산 입자로 떠 있는 상태의 유화액으로 우유, 마요네즈, 아이스크림 등이 이에 속한다.

② 유중수적형

유중수적형은 분산매인 기름 속에 물이 분산입자로 떠 있는 상태의 유화액으로 버터, 마가린 등이 이에 속한다.

(2) 유화제

유화제는 친수기와 소수기를 모두 가지고 있는 물질로 표면장력을 저하시키고 유화액을 안정화시킨다. 유화액을 안정시키기 위해서는 충분한 양의 유화제가 필요하다. 분산 입자 주위를 충분히 쌀 수 있는 양을 사용하여야 하며 불충분하게 사용하면 조리

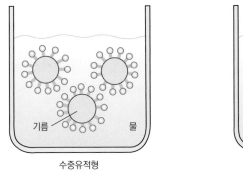
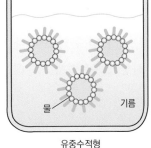

수중유적형	유중수적형

그림 **11-1** 유화의 형태

할 때 유화액이 분리된다.

유화제로는 난황의 레시틴이 대표적이며, 마요네즈가 유화성을 이용한 식품이다.

3) 가소성

버터, 라드, 쇼트닝 등의 고체 지방이 외부에서 가해지는 힘에 의해 변하는 성질을 가
소성이라고 한다.

4) 쇼트닝성

파이크러스트나 패스트리를 만들 때 가소성이 있는 유지가 밀가루 반죽의 글루텐이
형성되지 못하게 층을 만들어 글루텐을 짧게 하는 성질을 쇼트닝성이라고 한다.

5) 크리밍성

버터, 마가린, 쇼트닝 등의 고체나 반고체 지방을 빠르게 저으면 공기가 들어가 부피가 커지며 하얗고 부드럽게 되는데, 이런 성질을 크리밍성이라 한다.

6) 발연점

유지를 가열할 때 온도가 상승하면 유지가 분해되기 시작하면서 유지 표면에 엷은 푸른색 연기가 발생하는데, 이때의 온도를 발연점이라고 한다. 이때 생성되는 연기 성분인 아크롤레인acrolein은 눈, 코를 자극하고 불쾌한 냄새의 원인이 된다. 발연점이 낮은 지질은 점막의 자극과 냄새 때문에 조리에 사용하는 데는 좋지 않다. 튀김을 할 때에는 발연점이 높은 기름이 좋다. 발연점에 영향을 주는 조건은 유리지방산의 함량, 공기와의 접촉면, 이물질의 존재, 사용횟수 등이다.

(1) 유리지방산의 함량
유지의 발연점은 유리지방산의 함량이 많은 유지가 낮다.

표 **11-1** 식용유지의 발연점

유지의 종류	발연 온도(℃)
옥수수유	227
대두유	256
면실유	222~232
버터	208
돼지기름	190
올리브유	175

한눈에 보이는 실험조리

(2) 공기와의 접촉면

유지의 발연점은 노출된 면적이 증가하면 낮아진다. 따라서 튀김에 사용되는 용기는 가능하면 표면적이 좁고 깊숙한 것이 좋다.

(3) 이물질의 존재

유지 중의 이물질은 발연점을 낮춘다. 감자칩을 튀긴 기름보다 크로켓을 튀긴 기름의 발연점이 더 낮다. 그러므로 튀김옷 등이 떨어지면 바로 제거해야 한다.

(4) 사용횟수

유지를 여러 번 튀길수록 발연점이 낮아지는데, 보통 한 번 사용할 때마다 발연점은 10~15℃ 정도씩 낮아진다.

3. 튀김유와 튀김옷

1) 튀김유

(1) 종류

발연점이 낮은 기름은 낮은 온도에서 분해되어 자극적인 냄새가 강하고 기름이 많이 흡수되어 튀김용으로 부적당하다. 그러므로 튀김유를 선택할 때는 발연점이 높은 기름인 대두유, 옥수수기름 등을 사용하여야 한다.

또한 쇼트닝, 라드 등도 튀김에 사용되는데 이들은 일단 가열하면 고체였던 것이 액체유가 되므로 음식을 튀길 수 있으나 기름이 식으면 다시 고체로 되돌아가 음식에 흡착된 기름이 굳어 음식의 질에 영향을 미친다.

(2) 온도

튀김에 이용되는 유지는 상온에서 액상인 유(油)와 고체 상태인 지(脂)가 있다. 조리할 때 열의 매체로서 기름을 사용하면 흔히 180~190℃ 정도의 높은 온도를 이용하기 때문에 물을 사용할 때보다 가열시간이 단축되고 식품의 색과 성분의 손실이 적게 된다.

튀김은 재료에 따라 튀기는 적당한 온도가 있다. 표면만 가열해도 좋은 것은 온도를 높여 단시간에 튀기고, 속까지 익혀야 할 것은 온도를 낮게 해서 가열시간을 길게 한다.

불의 세기를 조절하거나 튀김 재료의 양에 따라 일정한 온도를 유지하도록 하는 것이 중요하다. 적당한 온도에 도달한 튀김유에 재료를 넣으면 재료의 수분이 증발하기 때문에 기화열을 빼앗겨 기름의 온도는 떨어진다. 또한 재료가 적을 때 불을 강하게 하면 온도가 빠르게 올라가나 재료가 많을 때에는 온도가 빠르게 오르지 못하여 낮은 온도에서 가열되는 경우가 많으므로 주의하여야 한다.

너무 고온에서 조리하거나 상온에서 장기간 저장할 경우에는 에스테르의 분해, C-C 결합의 분해, 탈수소반응, 탈수반응, 방향족 화합물의 형성, 중합반응 등으로 인해 산가, 점도, 굴절률이 증가하고 발연점이 감소한다. 너무 낮은 온도에서 튀김을 하면 기름이 음식에 지나치게 많이 흡수되어 눅눅해져 맛이 없어진다. 여러 가지 음식을 튀기기에 적당한 온도는 표 11-2와 같다.

표 11-2 각종 식품의 튀김 온도

온도(℃)	식품의 종류
140~150	약과
160~180	도넛, 채소류(두께 0.7cm)
180~190	어패류
1차 : 165 2차 : 190~200	닭튀김
190~200	크로켓

(3) 기름의 흡수

낮은 기름 온도에서 튀김시간이 길어지면 흡유량이 많아지며, 식품 재료의 표면적이 클수록 흡유량이 증가한다. 또한 식품 재료의 당, 수분, 유지 함량이 많을 때와 레시틴과 같은 유화제의 첨가는 흡유량을 증가시킨다.

(4) 보관

튀김에 사용한 기름은 식힌 후 고운체에 걸러 불순물을 제거한 후 병에 넣어 밀봉하고 광선을 피해 서늘한 곳에 보관해야 하며, 가능한 한 빠른 시일 내에 사용해야 한다. 튀김에 사용한 재료에 따라 튀김기름의 상태가 다르므로 재사용 횟수에도 차이가 있다. 육류를 튀긴 기름은 다른 기름보다 먼저 사용하는 것이 좋다.

2) 튀김옷

잘된 튀김은 튀김옷이 얇고 바삭해야 하며, 가능한 한 기름이 적게 흡수된 것이 좋다. 맛있는 튀김을 위한 튀김옷의 조건은 다음과 같다.

(1) 밀가루

주로 박력분을 사용하며 중력분을 사용할 때에는 밀가루에 10~15%의 전분을 섞어서 사용하면 된다.

(2) 달걀

튀김옷에 사용되는 물의 1/3~1/4을 달걀로 대체하면 달걀단백질이 열에 응고하면서 수분을 배출하여 튀김옷이 바삭바삭하게 된다. 그러나 너무 많은 양을 넣으면 튀김옷이 단단해진다.

(3) 식소다

밀가루 중량의 0.2% 정도의 식소다를 넣으면 가열 중 탄산가스가 방출되면서 수분도 함께 증발되므로 가볍게 튀겨진다.

(4) 설탕

설탕은 튀김옷의 색을 적당하게 갈변시키고 글루텐의 형성을 방해하여 튀김옷을 연하고 아삭아삭하게 만든다.

(5) 물의 온도

튀김옷을 만들 때 물의 온도가 높으면 글루텐 형성이 잘 되어 튀김옷의 점도가 높아지므로 튀김옷이 두꺼워진다. 그러므로 물에 얼음을 띄우거나 냉장고에 넣어 두었다가 15℃ 정도로 하여 사용하는 것이 좋다.

4. 유지의 산패

식용유지나 유지식품을 장기간 저장할 때 산가가 높아지고 불쾌한 냄새와 색, 맛 등이 변하게 되는데, 이러한 현상을 산패라고 한다. 보통 정제된 기름의 산가는 0.05~0.07 정도이고 1.0 이상이 되면 식용으로 부적당하다. 산패의 원인은 산소, 광선, 효소, 물, 미생물 등에 의해 일어난다.

1) 산화에 의한 산패

불포화지방산이 공기 중에서 산소를 흡수하여 산화되는 것을 유지의 자동 산화라고 하며, 산화를 촉진하는 요인으로는 금속과 광선이 있다. 보조적인 요인으로는 온도, 수분, 산소 등이 있다.

(1) 금속 및 헴 화합물

금속에 의한 산화 정도는 구리가 가장 강하고, 그 다음으로 납, 철, 아연을 들 수 있으며, 주석과 알루미늄은 그 정도가 약하다. 또한 헴heme 화합물도 산화촉진제로 동물성 지방 및 유제품 등의 산화에 영향을 미친다.

(2) 광선

자외선, 가시광선, 이온화 방사선 등 모든 광선은 유지의 산화를 촉진한다. 그중 자외선은 악취 생성을 급속히 촉진하며, 325~400nm 파장의 광선에서 유지의 산화가 촉진된다.

(3) 온도

온도가 높을수록 반응 속도가 증가하므로 산화가 촉진된다. 그러나 유지는 0℃ 이하에 저장했을 경우 0℃ 이상에서 저장하는 것보다 산화 속도가 빠르다.

(4) 수분

유지의 산화는 단분자층 수분 함량보다 적거나 많을 때 촉진되므로, 수분이 너무 적거나 많아도 산패가 잘 일어난다.

(5) 산소

유지의 산패는 산소 분압이 매우 낮아도 일어난다.

2) 가수분해에 의한 산패

유지가 지질 분해효소인 리파아제lipase, 산, 알칼리, 효소에 의해 가수분해되고 지방산과 글리세롤로 분해되어 산패가 진행된다.

3) 항산화제

지질 산패의 유도기간을 연장하는 것을 항산화제라고 한다. 천연 유지 중에는 비타민 C와 토코페롤^{tocopherol}, 세사몰^{sesamol}, 고시폴^{gossypol} 등의 항산화제가 함유되어 있다. 합성 항산화제로 프로필 갈레이트^{propyl gallate ; PG}, 부틸레이티드 히드록시 톨루엔^{butylated hydroxy toluene ; BHT}, 부틸레이티드 히드록시 아니솔^{butylated hydroxy anisole ; BHA} 등을 첨가하기도 한다. 항산화제는 지질에 녹고 저농도에서 사용할 수 있으며, 지방이나 그 지방을 사용한 식품에 좋지 않은 풍미, 냄새, 색을 주지 않고 생리적으로 무해한 것이어야 한다.

실험 1

튀김온도가 튀김의 품질에 미치는 영향

실험재료	슬라이스 식빵	5장(1장 × 5)	튀김용 기름	10C(2C × 5)

기구 및 기기	프라이팬 5개	타이머
	튀김용 젓가락	온도계 5개
	키친타월	접시 5개
	전자저울	계량컵
	체 5개	

1. 실험목적

튀김온도에 따른 튀김의 색과 중량의 변화 및 관능평가를 통해 제품의 품질을 비교한다.

2. 실험방법

① 슬라이스 식빵 5장을 준비하여 각각 중량을 기록해 놓는다.
② 튀김용 팬에 기름을 넣고 각각 120℃, 140℃, 160℃, 180℃, 200℃의 온도를 유지하면서 2분간 튀겨낸다.

A : 기름 120℃ 가열+식빵 → 2분간 튀김
B : 기름 140℃ 가열+식빵 → 2분간 튀김
C : 기름 160℃ 가열+식빵 → 2분간 튀김
D : 기름 180℃ 가열+식빵 → 2분간 튀김
E : 기름 200℃ 가열+식빵 → 2분간 튀김

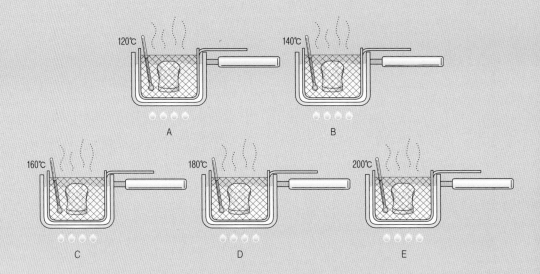

③ 튀겨낸 식빵을 건져 키친타월 위에서 기름을 뺀 후 1분 후 중량을 재고 아래 식에 의하여 중량 변화율을 계산한다.

$$중량변화율(\%) = \frac{튀긴 \ 후 \ 식빵의 \ 중량(g)}{튀기기 \ 전 \ 식빵의 \ 중량(g)} \times 100$$

④ 각각의 시료에 대하여 색, 질감, 맛을 묘사법으로 평가하고 전체적인 기호도는 순위법으로 평가한다.

3. 실험결과

온도	식빵의 중량(g)		중량 변화율 (%)	관능평가			
	튀기기 전	튀긴 후		색1)	질감2)	맛3)	전체적인 기호도4)
A 120℃							
B 140℃							
C 160℃							
D 180℃							
E 200℃							

1)~3) 묘사법
4) 순위법(좋은 것부터)

4. 결론 및 고찰

- 튀김 온도에 따른 흡유율에 대해 알아본다.
- 튀김 시 기름의 흡유율이 증가하는 경우에 대해 알아본다.
- 튀김 시 일어나는 물질의 이동에 대해 알아본다.

 참고문헌

한눈에 보이는 실험조리

유지의 종류에 따른 따른 튀김의 특성 비교

실험재료				
	대두유	1C	올리브유	1C
	옥수수유	1C	쇼트닝	1C
	감자	400g(100g × 4)		

기구 및 기기		
	튀김용 냄비 4개	타이머
	튀김용 젓가락 4개	온도계
	체 4개	계량컵
	키친타월	자
	전자저울	

1. 실험목적

유지의 특성을 이해하고 튀김에 적합한 유지의 종류에 대해 알아본다.

2. 실험방법

① 감자는 두께 1cm 정도의 크기의 스틱 모양으로 썰어 물에 담가 전분을 뺀 후 물기를 빼 놓는다.
② 4개의 냄비에 각각 대두유, 올리브유, 옥수수유, 쇼트닝을 넣은 후 각각 가열한다.
③ 온도가 170℃ 정도가 되면 ①의 감자를 넣고 5분간 튀겨낸다.

   A : 대두유 1C → 170℃ 가열 + 감자 → 5분간 튀김
   B : 옥수수유 1C → 170℃ 가열 + 감자 → 5분간 튀김
   C : 올리브유 1C → 170℃ 가열 + 감자 → 5분간 튀김
   D : 쇼트닝 1C → 170℃ 가열 + 감자 → 5분간 튀김

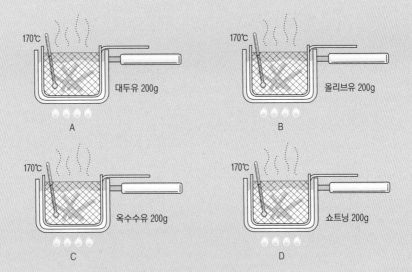

④ 튀겨낸 감자는 건져 키친타월 위에 올려 기름기를 뺀다.

⑤ 튀겨낸 감자를 뜨거울 때 순위법으로 냄새, 색, 맛, 조직감, 전체적인 기호도를 평가한다.

⑥ 튀겨낸 감자를 완전히 식힌 후 다시 관능평가를 한다.

유지실험 후 남은 폐식용유를 이용한 재활용 비누 제조법

• 재료 및 기구 : 폐식용유 18L, 가성소다(NaOH) 2.7~3kg, 두꺼운 플라스틱 통, 나무막대기, 비누 성형 그릇, 타이머, 칼, 체

• 비누제조법

① 폐식용유 18L를 체에 걸러 이물질을 제거한다.

② 가성소다를 넣으면 거품이 많이 생겨 넘칠 수 있으므로 플라스틱 통은 큰 것으로 준비한다.

③ ①에 가성소다수 5L(가성소다 2.7~3kg에 5L의 물 첨가)를 넣어 섞는다. 가성소다를 만질 때는 반드시 마스크와 고무장갑을 착용한다. 가성소다수를 부을 때는 옆으로 튀지 않게 한번에 부어야 한다.

④ 가성소다수가 섞이면 곧바로 나무막대기로 정확히 40분간 한 방향으로 젓는다. 폐식용유에 가성소다수가 섞이면 플라스틱 통이 뜨거워질 정도로 열이 나는데 이는 비누가 응고되는 과정이다. 막대기로 젓기가 힘들 정도로 빡빡해져야 질 좋은 재생 비누가 만들어진다.

⑤ 젓는 작업이 끝나면 원하는 모양의 그릇에 응고된 폐식용유를 붓는다. 스티로폼 통, 플라스틱 통 등 어느 것이든 무방하다. 바닥에 면을 깔아주면 매끈한 모양의 비누를 만들 수 있다.

⑥ 3시간 정도 지나면 폐식용유가 두부처럼 되며 이때 칼을 이용하여 적당한 크기로 금을 긋는다. 완전히 굳는 데는 7~10일이 소요된다.

3. 실험결과

시료	냄새[1]		색[2]		맛[3]		조직감[4]		전체적인 기호도[5]	
	뜨거울 때	식은 후	뜨거울 때	식은 후	뜨거울 때	식은 후	뜨거울 때	식은 후	뜨거울 때	식은 후
A 대두유										
B 올리브유										
C 옥수수유										
D 쇼트닝										

1)~5) 순위법(좋은 것부터)

4. 결론 및 고찰

- 튀김용으로 적합한 기름 종류와 그 이유를 알아본다.
- 반복되어 사용된 튀김유에서 발생하는 변화에 대해 알아본다.

 참고문헌

한눈에 보이는 실험조리

채소의 조리

12—
채소의
조리

학습목적
채소의 구성성분과 조리 시 색, 질감, 향미의 변화를 이해하고 이를 통해 채소의
색, 질감, 향미를 살릴 수 있는 적절한 조리방법을 알아본다.

학습목표
1 산, 알칼리, 효소, 금속이온에 의한 채소의 색 변화를 알고 이를 통해 채소의
   색을 살릴 수 있는 적절한 조리방법을 이해할 수 있다.
2 채소 조리 시 질감의 변화를 이해할 수 있다.
3 조리에 의한 양파의 향미성분의 변화에 대해 알 수 있다.

1. 조리 시 채소의 색 변화

채소의 선명하고 아름다운 색을 보여주는 식물성 색소는 크게 클로로필, 카로티노이
드, 플라보노이드^{안토잔틴, 안토시아닌} 등으로 구분된다.

1) 클로로필

청록색의 클로로필은 식물의 잎과 줄기세포 내 엽록체에 단백질과 결합되어 존재한다.
  클로로필에는 클로로필 a와 b가 있는데 클로로필 a는 청록색, 클로로필 b는 황록색
으로 식물에 따라 클로로필 a와 b의 구성비가 다르다. 고등식물은 대체로 클로로필 a
와 b의 비율이 3 대 1의 비율로 존재한다. 클로로필의 구조는 그림 12-1과 같다.

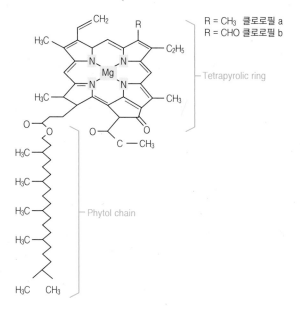

그림 **12-1** 클로로필의 구조

(1) 산에 의한 변화

청록색의 클로로필을 산성 용액에서 가열하면 클로로필의 마그네슘이온^Mg²⁺이 수소이온
^H⁺으로 치환되어 갈색의 페오피틴^pheophytin이 형성된다. 이 페오피틴에 계속해서 산이 작
용하면 피톨^phytol기가 제거되어 갈색의 페오포비드^pheophorbide가 생성된다(그림 12-2). 시
금치를 데치면 시금치에 함유되었던 유기산이 유리되어 클로로필과 접촉함으로써 시

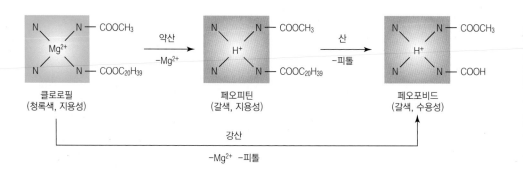

그림 **12-2** 산에 의한 클로로필의 변화

금치가 갈색으로 변하게 되므로 시금치를 데칠 때는 뚜껑을 열고 가열함으로써 휘발성 유기산이 증발할 수 있도록 하고 조리수를 다량^{채소 중량의 5배} 사용함으로써 비휘발성 유기산^{구연산, 사과산, 수산, 호박산, 주석산 등}의 농도를 희석시켜 시금치의 청록색을 유지하도록 한다. 오이생채를 하는 경우 오이가 식초의 산에 의해 갈색으로 변색되므로 먹기 직전에 무치는 것이 좋다. 된장을 넣은 채소국의 국물은 산성이므로 채소의 색이 변색된다. 된장국을 끓일 때 채소는 먹기 직전에 넣는 것이 좋고 국 건더기로 채소를 넣을 때는 미리 데쳐서 국물에 넣으면 변색을 어느 정도 방지할 수 있다.

(2) 알칼리에 의한 변화

조리수가 약알칼리일 때 클로로필의 피톨기가 떨어져 나가 청록색의 클로로필은 짙은 청록색인 수용성 클로로필리드^{chlorophyllide}가 되고 계속해서 메탄올이 떨어져 나가 짙은 청록색의 클로로필린^{chlorophylline}이 되어 짙은 청록색을 최대한 보유한다(그림 12-3). 식소다^{중조, 중탄산나트륨, NaHCO₃}는 가열에 의해 이산화탄소를 발생시키고 수용액을 약한 알칼리성을 띠게 하는데 녹색채소에 식소다를 넣어 끓이면 짙은 청록색이 된다.

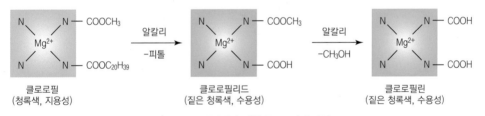

클로로필
(청록색, 지용성)

클로로필리드
(짙은 청록색, 수용성)

클로로필린
(짙은 청록색, 수용성)

그림 **12-3** 알칼리에 의한 클로로필의 변화

(3) 효소에 의한 변화

조직을 자르거나 갈면 조직이 파괴되어 세포 내의 클로로필라아제^{chlorophyllase}가 유리된다. 클로로필라아제가 클로로필에 작용하면 클로로필의 피톨기가 제거되어 짙은 청록색인 클로로필리드가 생성된다(그림 12-4). 클로로필리드는 수용성이므로 조리수에 잘 녹게 된다.

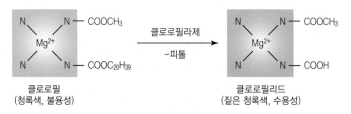

그림 **12-4** 효소에 의한 클로로필의 변화

(4) 금속이온에 의한 변화

클로로필이 있는 채소를 구리, 철 등의 금속이온과 함께 가열하면 클로로필 중의 마그네슘이온$^{Mg^{2+}}$이 이들 금속이온과 치환되어 안정하고 선명한 철-클로로필, 구리-클로로필을 생성한다(그림 12-5).

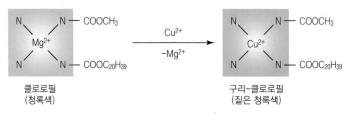

그림 **12-5** 금속이온에 의한 클로로필의 변화

(5) 소금에 의한 변화

채소를 데칠 때 1~2%의 소금물에 넣어 데치면 물로 데치는 것보다 채소의 색이 선명한데 이는 소금이 클로로필의 용출을 적게 하기 때문이다.

2) 카로티노이드

카로티노이드^{carotinoid}는 자연계에 가장 많이 존재하는 천연 색소로 채소와 과일의 황색과 주황색 그리고 약간의 적색을 나타내는 색소이다.

카로티노이드의 종류는 탄소와 수소만으로 구성되어 있는 카로틴^{carotene}과 탄소와

한눈에 보이는 실험조리

수소에 산소를 가지고 있는 잔토필^{xanthophyll}로 구분된다. 카로틴에는 α-카로틴, β-카로틴, γ-카로틴, 리코펜^{lycopene} 등이 있는데, 이 중 당근, 고구마, 호박에 함유되어 있는 β-카로틴이 카로티노이드 중 가장 대표적이다. 토마토, 수박, 자몽에 함유되어 있는 리코펜은 β-카로틴보다 더 붉은색을 띤다. 잔토필에는 루테인^{lutein}, 제아잔틴^{zeaxanthin}, 크립토잔틴^{cryptoxanthin} 등이 있다.

　카로티노이드는 지용성으로 물에는 용해되지 않으나 지방에 용해된다. 당근을 기름에 볶을 때 β-카로틴이 기름에 용출되는 것을 볼 수 있다. 카로티노이드는 천연 색소 중 비교적 안정하여 일반적인 조리방법으로는 색이나 영양가의 변화가 거의 없다.

　당근 조리 시 조리시간이 길어지면 갈변될 수 있는데 이는 카로티노이드 색소의 변화가 아닌 당근에 들어 있는 당에 의한 캐러멜화에 의한 것이다.

3) 플라보노이드

플라보노이드^{flavonoid}의 기본구조는 탄소 6개로 구성된 고리구조인 벤젠 핵 2개에 3개의 탄소로 연결된 사슬, C6-C3-C6의 플라반^{flavan}을 가지고 있는 페놀 화합물이다. 자연계에 존재하는 대부분의 플라보노이드는 당과 결합되어 있는 배당체이며 수용성이다.

　플라보노이드 종류로는 안토잔틴^{anthoxanthine}, 안토시아닌^{anthocyanin}, 류코안토시안^{leucoanthocyan}, 카테킨^{catechin} 등이 있으나 좁은 의미의 플라보노이드는 안토잔틴만을 의미하기도 한다.

(1) 안토잔틴

안토잔틴은 구조에 따라 플라본^{flavone}, 플라보놀^{flavonol}, 플라바논^{flavanone}, 플라바노놀^{flavanonol}, 이소플라본^{isoflavone} 등의 다섯 종류가 존재하는데, 무색이거나 담황색인 안토잔틴은 산에는 안정하여 선명한 백색을 유지하나 알칼리와 반응하면 불안정하여 노르스름하게 된다.

그러므로 백색 채소를 조리할 경우 소량의 산을 조리수에 첨가하면 선명한 백색을 유지할 수 있다.

안토잔틴은 여러 개의 페놀성 수산기hydroxyl group를 가지고 있으므로 금속과 반응하여 불용성 착화합물을 만든다. 즉, 알루미늄과는 황색, 납과는 백색이나 황색, 크롬과는 적갈색, 철과는 적색, 적갈색, 녹색의 화합물을 만든다.

(2) 안토시아닌

파랑, 자주, 보라, 빨강 및 주황색을 나타내는 안토시아닌은 매우 불안정하여 가공이나 저장 중에 색깔이 쉽게 퇴색된다. 안토시아닌은 pH 3 이하에서 빨간색, pH 8.5 부근에서 보라색, pH 11.0 이상의 알칼리성일 때는 녹색 또는 청색으로 변한다. 회나 초밥에 나오는 생강초절임의 색은 적색에 가까운 분홍색이고 자색 양배추를 식초에 절이면 자색에서 적색으로 변한다.

2. 조리 시 채소의 질감 변화

대부분의 성숙한 식물세포의 세포질에는 액포를 가지고 있으며, 액포막으로 불리는 막에 둘러싸여 있다. 액포는 세포 내부의 80% 이상을 차지하고 있으며 액포에는 세포액이라 불리는 액체로 차 있다. 액포의 기능은 세포액을 이용하여 세포벽에 대해 팽압을 유지하는 것이다. 팽압은 식물을 저장액에 담그면 세포의 내용물인 원형질이 물을 흡수하여 팽창하고 세포벽을 넓히려는 압력인데 팽압이 높아지면 식물은 아삭아삭한 질감을 갖게 된다. 채소를 물과 같은 저농도 액체에 담그면 삼투압에 의해 세포가 물을 흡수하여수분이 세포 내로 침투해 들어가서 액포 속으로 물이 들어가게 되고 팽압이 높아져 식물은 더 아삭아삭한 질감이 된다.

이와는 반대로 채소를 고농도 액체에 넣거나 채소에 소금을 첨가하면 숨이 죽는데, 이와 같은 채소의 절임은 채소에 적당한 염도를 부여해 간을 맞게 하고 숨을 죽여 부

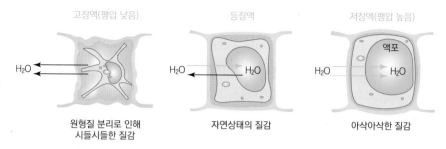

| 고장액(팽압 낮음) | 등장액 | 저장액(팽압 높음) |

원형질 분리로 인해
시들시들한 질감 | 자연상태의 질감 | 아삭아삭한 질감

그림 **12-6** 식물세포의 팽압에 따른 질감의 변화

드럽게 하며 채소의 수분이 빠져나와 질감이 시들시들해진다(그림 12-6). 이 과정은 반투막을 사이에 두고 농도가 다른 두 용액이 만나면 농도가 낮은 쪽에서 높은 쪽으로 물이 이동하는 삼투작용 때문이다.

채소를 가열하면 원형질막의 단백질이 변성되어 선택적 투과성을 잃어 세포막을 통한 삼투현상이 없어지고 수분의 이동과 함께 세포 내의 물질들이 단순 확산에 의해 이동된다.

식물의 세포와 세포는 완전히 밀착되어 있지 않기 때문에 세포 간 공간에 차 있던 공기층인 세포 간 공기층은 식물의 조직을 불투명하게 만들고 아삭아삭한 질감을 주고 용량을 증가시킨다. 세포 간 공기층에 의해 채소의 조직이 불투명해 보이지만 데치기 등으로 세포가 공기층이 제거되어 물로 채워져 반투명해지고 녹색 채소에서는 녹색이 더 진해지고 선명해진다. 채소의 질감은 세포 간 공기층의 비율이 높을수록 아삭아삭한데 데치기 등으로 세포의 공기층이 제거되고 조직이 연화되면 채소의 질감은 물러진다. 또한 세포 간 공기층으로 인해 채소의 부피가 증가되는데 데치기 등으로 세포 간 공기층이 제거되면 부피가 줄어든다. 즉, 채소를 데치기 등의 가열을 하게 되면 세포 간 공간에 차 있던 공기층이 제거되고 물로 채워져 삶은 채소는 색이 더 진해지고 선명해지며 아삭아삭한 조직이 연화되어 질감이 물러지고 부피가 줄어든다.

식물 세포의 세포벽은 세포의 형태를 지지해 주는 역할하며 셀룰로오스섬유소, cellulose, 헤미셀룰로오스hemicellulose, 펙틴질pectic substance, 리그닌lignin 등으로 되어 있다. 셀룰로오스는 세포벽의 주요 구성성분으로 채소나 과일을 단단하게 해주고, 펙틴질은 비결정체 물질로 세포와 세포 사이를 채우면서 세포벽의 셀룰로오스 섬유 사이를 연결해 준다. 또한 리그닌은 나무 같은 특성을 생기게 하여 조직을 질기고 딱딱하게 만든다.

　채소는 조리 시 첨가된 알칼리에 의해 부드러워지며 산에 의해 단단해진다. 채소에 알칼리 물질인 식소다를 소량 첨가하여 가열하면 데친 물이 알칼리성이므로 헤미셀룰로오스와 펙틴은 쉽게 분해되어 세포벽이 부드러워진다. 그러나 장시간 가열하면 분해 과다로 질감이 지나치게 뭉그러질 수도 있어 잘 사용하지 않으나 마른 고사리, 고비 등과 같은 산채의 질감을 연화시키기 위해 사용하기도 한다. 산성조건pH 4에서는 채소의 질감을 단단하게 하는데 펙틴의 분해가 억제되어 단단함을 유지하기 때문이다. 채소는 가열하면 질감이 부드러워지는데 이는 펙틴과 헤미셀룰로오스가 분해되었기 때문이다.

3. 조리 시 채소의 향기 변화

채소는 각각 고유한 냄새를 갖는데 이러한 채소의 독특한 냄새는 저분자 휘발성 화합물인 소량의 유기산, 알데히드, 알코올, 에스테르, 케톤 등 복합적으로 영향을 준다. 또한 마늘, 양파, 파, 배추, 무, 고추냉이, 겨자 등을 썰거나 다지면 조직이 파괴되면서 효소작용에 의해 양파, 마늘, 파, 배추, 무, 고추냉이, 겨자 등에 함유되어 있던 황화합물이 휘발성이 강한 저분자 화합물로 분해되어 강한 냄새를 나타낸다.

　마늘에는 냄새를 내는 물질의 전구체로 알린alliin, S-allyl-L-cysteine sulfoxide이 있으며, 이와 동시에 조직 세포 내에는 이 물질의 분해효소인 알리나제allinase가 함유되어 있다. 마늘을 썰거나 다지거나 씹으면 마늘 조직이 파괴되고 알린과 알리나제가 반응하여 알리신allicin을 생성한다. 생성된 알리신은 마늘의 주요 매운맛 성분이면서 불쾌한 냄새가 아닌 독특한 냄새 성분이다. 그러나 알리신은 대단히 불안정한 화합물이므로 생성 후 곧 분해하여 불쾌하고 강한 냄새를 지닌 디알릴디설파이드diallyl disulfide를 형성한다(그림 12-7). 따라서 마늘을 양념으로 사용할 경우 바로 다진 마늘을 사용해야 하고, 가열하면 점차 그 향미성분이 없어지므로 끓이는 음식에 마늘의 향을 살리기 위해서는 불

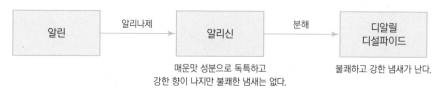

알린 ──알리나제──> 알리신 ──분해──> 디알릴 디설파이드

매운맛 성분으로 독특하고
강한 향이 나지만 불쾌한 냄새는 없다.

불쾌하고 강한 냄새가 난다.

그림 12-7 마늘의 냄새성분 생성 과정

에서 내려놓기 직전에 넣는 것이 좋다.

양파를 썰면 눈을 자극하여 눈물이 나게 하는 최루성분은 양파에 들어 있는 S-프로페닐 시스테인 설폭사이드S-propenyl-L-cysteine sulfoxide가 알리나제에 의해 변한 티오프로파날-S-옥사이드thiopropanal-S-oxide이다(그림 12-8). 이 물질은 휘발성이고 물에 잘 녹아서 양파를 썰 때 눈물이 덜 나오게 하려면 환기를 잘하거나 물에 담근 채로 껍질을 까고 되도록 물에 젖은 상태일 때 냄새가 나지 않는다.

S-프로페닐 시스테인 설폭사이드 ──알리나제──> 티오프로파날-S-옥사이드 + 피루브산 + NH_3

(최루성분)

그림 12-8 양파의 최루성분 생성 과정

4. 조리 시 채소의 맛 변화

채소는 매운맛, 떫은맛, 쓴맛, 아린 맛 등의 맛 성분을 함유하고 있는데, 고추의 캡사이신은 매운맛 성분이고, 죽순, 토란, 우엉, 고사리의 호모겐티스산은 아린맛 성분이다. 또한 오이 꼭지의 쿠쿠르비타신, 양파 껍질의 케르세틴, 쑥의 투존은 쓴맛 성분이며 가지의 클로로겐산은 떫은맛 성분이다. 이런 성분은 소량이면 식품의 풍미를 높일 수 있으나 다량인 경우에는 불쾌감을 주므로 제거해야 한다.

채소를 물에 삶으면 수용성 맛 성분이 용출되어 맛을 잃게 된다. 그러므로 시금치, 쑥갓, 가지, 호박 등은 단시간에 소량의 물을 사용하여 조리하는 것이 좋다. 특히 가지나 호박은 물에 삶는 것보다 오븐에 굽거나 증기에 찌면 향미 성분이 더 많이 남는다.

양파의 매운맛 성분으로 프로필 알릴디설파이드propyl allyldisulfide 등이 있는데 이 물질은 가열하면 기화되나 일부는 분해되어 설탕의 50배의 단맛을 내는 프로필 메르캅탄propyl mercaptane을 형성한다(그림 12-9). 그러므로 볶음 등의 조리를 할 때 양파를 먼저 가열하거나 볶아 단맛을 낸다.

그림 **12-9** 양파의 단맛 성분 생성 과정

실험 1

첨가물에 따른 채소의 색과 질감 변화

실험재료	시금치	80g(20g × 4)		당근	80g(20g × 4)
	양파	80g(20g × 4)		적양배추	80g(20g × 4)
	소금	16g(4g × 4)		식초	8g(2g × 4)
	식소다	4g(1g × 4)		물	

기구 및 기기	pH 시험지(또는 pH미터)		타이머
	전자저울		작은 흰 접시 4개
	작은 냄비 4개		컵 4개

1. 실험목적

조리 조건에 의한 시금치, 당근, 양파, 적양배추의 색과 질감의 변화를 살펴보고 이를 통해 채소의 색과 질감을 살릴 수 있는 적절한 조리방법을 알아본다.

2. 실험방법

① 물, 1% 초산액, 0.5% 식소다액, 2% 소금물을 준비하고 각각의 pH를 측정한다.

   A : 물 200g

   B : 1% 초산액 200g

   C : 0.5% 식소다액 200g

   D : 2% 소금물 200g

② 시금치를 손질하여 20g씩 4등분한다.

③ ①의 용액을 각각 작은 냄비에 넣고 가열하여 끓인다.

- 1% 초산액 : 식초 2g에 물을 첨가하여 200g을 맞춘다.
- 0.5% 식소다액 : 중조 1g에 물을 첨가하여 200g을 맞춘다.
- 2% 소금물 : 소금 4g에 물을 첨가하여 200g을 맞춘다.

④ 용액을 끓인 직후에 준비한 시금치를 작은 냄비에 각각 넣고 5분간 끓인다.

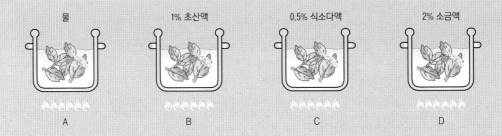

물   1% 초산액   0.5% 식소다액   2% 소금액

A   B   C   D

⑤ 끓인 후 시금치의 조리수와 고형질을 분리한다.

⑥ 분리된 조리수의 색 변화를 관찰하고 고형질은 흰 접시에 담아 고형질의 색과 질감의 변화를 묘사법으로 비교한다.

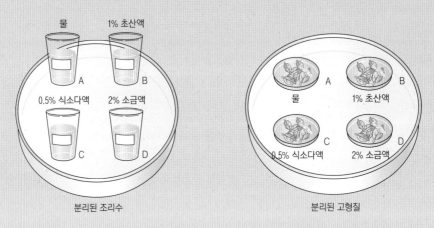

분리된 조리수   분리된 고형질

⑦ 나머지 채소인 당근, 양파, 적양배추를 적당히 썰어 ②~⑥을 반복하여 실험한다.

한눈에 보이는 실험조리

3. 실험결과

용액의 pH

시료	조리수의 pH
A 물	
B 1% 초산액	
C 0.5% 식소다액	
D 2% 소금액	

조리수의 색

시료 \ 색의 변화[1]	시금치	당근	양파	적양배추
A 물				
B 1% 초산액				
C 0.5% 식소다액				
D 2% 소금액				

1) 묘사법

고형질의 색

시료 \ 색의 변화[1]	시금치	당근	양파	적양배추
A 물				
B 1% 초산액				
C 0.5% 식소다액				
D 2% 소금액				

1) 묘사법

고형질의 질감

시료 \ 질감의 변화[1]	시금치	당근	양파	적양배추
A 물				
B 1% 초산액				
C 0.5% 식소다액				
D 2% 소금액				

1) 묘사법

한눈에 보이는 실험조리

4. 결론 및 고찰

- 산, 알칼리, 소금 첨가에 의한 클로로필의 변화를 알아본다.
- 산, 알칼리, 소금 첨가에 의한 카로티노이드의 변화를 알아본다.
- 산, 알칼리, 소금 첨가에 의한 안토잔틴의 변화를 알아본다.
- 산, 알칼리, 소금 첨가에 의한 안토시아닌의 변화를 알아본다.

 참고문헌

채소의 수분 흡수에 의한 질감 변화

실험재료	양상추	150g(50g × 3)

기구 및 기기	접시 3개	타이머
	볼 2개	체 2개
	전자저울	

1. 실험목적

채소를 썰어 냉수에 담갔을 때의 질감 변화를 알아본다.

2. 실험방법

① 양상추를 채썰어 50g씩 3등분으로 나누어 놓는다.
② 각 시료를 다음과 같이 처리한다.

    A : 공기 중에 그대로 20분간 방치한다.
    B : 공기 중에 20분간 방치한 후 찬물에 잠깐 담갔다가 체에 건져 2분 동안 물기를 뺀다.
    C : 충분한 양의 찬물에 20분간 담갔다가 체에 건져 2분 동안 물기를 뺀다.

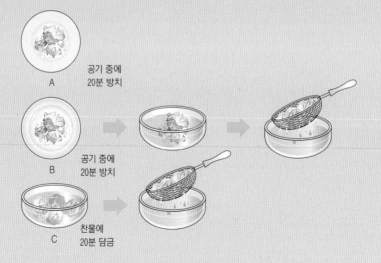

A   공기 중에 20분 방치

B   공기 중에 20분 방치

C   찬물에 20분 담금

③ 시료의 무게를 측정한 후 접시에 담고 외관과 질감을 묘사법으로 평가한다.

3. 실험결과

처리방법	처리 후의 중량(g)	외관[1]	질감(입속 질감)[2]
A 공기 중 방치한 것			
B 공기 중 방치 후 찬물에 잠깐 담근 것			
C 찬물에 담근 것			

1), 2) 묘사법

4. 결론 및 고찰

- 채소의 수분 흡수와 질감의 변화를 알아본다.

 참고문헌

한눈에 보이는 실험조리

실험 3

소금 농도에 따른 채소의 방수량과 질감 변화

실험재료	무*(채 썬 것) 200g(50g × 4)	소금 8.5g(1g, 2.5g, 5g)
	* 무 대신 오이로 대체할 수 있음	

기구 및 기기	메스실린더(100mL) 4개	깔때기 4개
	여과지 4장	전자저울
	타이머	

1. 실험목적

소금의 농도에 따라 무의 방수량을 알아보고 무의 질감의 변화를 관찰함으로써 삼투압의 원리를
이해한다.

2. 실험방법

① 무를 채 썰어 50g씩 4개를 준비한다.
② 채 썰어 놓은 무에 소금 0g, 1g, 2.5g, 5g을 첨가한 후 20번씩 버무려 소금 농도 0%, 2%, 5%,
10%인 절인 무를 만든다.
③ 메스실린더에 깔때기를 얹어 여과지를 깔고 무를 놓은 후 5, 10, 15, 30분 경과 후 흘러 내려온
수분의 양(방수량)을 측정하여 다음 식에 의해 방수율을 계산한다.

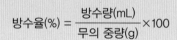

$$\text{방수율(\%)} = \frac{\text{방수량(mL)}}{\text{무의 중량(g)}} \times 100$$

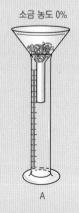  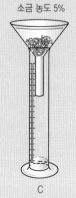 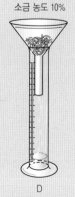

소금 농도 0%	소금 농도 2%	소금 농도 5%	소금 농도 10%
A	B	C	D

④ 30분 후, 무의 질감을 묘사법에 의해 평가한다.

3. 실험결과

🧪 소금 농도에 따른 무의 방수량

소금 농도	방수량(g)			
	5분	10분	15분	30분
A 0%				
B 2%				
C 5%				
D 10%				

🧪 소금 농도에 따른 무의 방수율

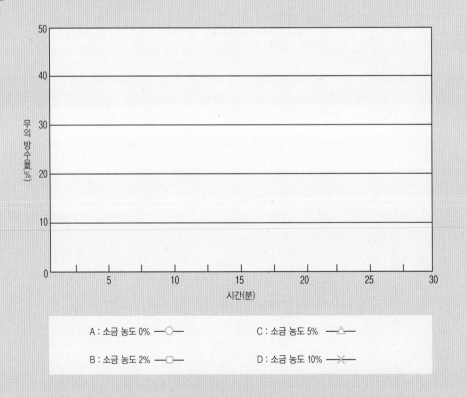

A : 소금 농도 0% ─○─   C : 소금 농도 5% ─△─

B : 소금 농도 2% ─□─   D : 소금 농도 10% ─✕─

한눈에 보이는 실험조리

소금 농도에 따른 무의 질감 변화

소금 농도	질감 변화[1]
A 0%	
B 2%	
C 5%	
D 10%	

1) 묘사법

4. 결론 및 고찰

- 채소에 소금을 첨가하였을 때 일어나는 현상에 대해 설명하시오.

 참고문헌

실험 4

가열시간에 따른 양파의 향미 변화

실험재료	얇게 썬 양파	250g(50g × 5)	
	식용유	3Ts(1Ts × 3)	
기구 및 기기	전자저울		도마
	계량스푼		체
	프라이팬 3개		그릇
	칼		

1. 실험목적

볶는 시간에 따라 양파의 색, 질감, 맛에 어떤 변화가 있는지 알아보고 또 그 원인을 알아본다.

2. 실험방법

① 양파를 세로로 5mm 두께로 얇게 채 썰고 50g씩 5개로 나누어 다음과 같이 처리한다.

  A : 얇게 썬 양파 50g을 그대로 둔다.
  B : 얇게 썬 양파 50g을 냉수에 5분 담근 후 건진다.
  C : 팬에 식용유 1Ts를 두르고 얇게 썬 양파 50g을 약한 불에서 2분간 볶는다.
  D : 팬에 식용유 1Ts를 두르고 얇게 썬 양파 50g을 약한 불에서 5분간 볶는다.
  E : 팬에 식용유 1Ts를 두르고 얇게 썬 양파 50g을 약한 불에서 8분간 볶는다.

접시에 채썬 양파를 그대로 둔다. | 냉수에 담근다. | 2분간 볶는다. | 5분간 볶는다. | 8분간 볶는다.

A   B   C   D   E

② 각 시료에 대해 색, 질감(입속 질감), 맛에 대해 묘사법으로 평가한다.

3. 실험결과

🧪 가열시간에 따른 양파의 관능평가

처리방법	색[1]	질감(입속질감)[2]	맛[3]
A 그대로 둔 것			
B 냉수에 담근 후 건진 것			
C 2분 가열			
D 5분 가열			
E 8분 가열			

1)~3) 묘사법

4. 결론 및 고찰

- 양파를 썰면 썰기 전보다 더 매운맛이 나는 이유를 알아본다.
- 양파를 냉수에 담그면 향에 어떤 변화가 생기는지 알아본다.
- 양파를 가열하면 맛에 어떤 변화가 생기는지 알아본다.

 참고문헌

과일의 조리

13 —
과일의
조리

1. 과일의 성분

과일의 성분은 그 종류에 따라 차이가 있으나 대체로 과일은 수분 함량이 가장 높
고[80~90%] 비타민과 무기질이 풍부하다. 귤, 딸기, 멜론에는 비타민 C가 많고 과육이 등
황색인 바나나, 살구, 황도 등에는 비타민 A의 급원인 카로틴이 풍부하다. 과일에는 일
반적으로 칼륨과 칼슘이 많다. 바나나에는 칼륨이 많고 오렌지, 자몽, 유자에는 칼슘
이 많이 함유되어 있다.

또한 과일에는 셀룰로오스[cellulose]와 펙틴[pectin] 등의 식이섬유가 풍부하여 과일을 섭취
하면 장을 적당히 자극하여 변통을 좋게 한다. 셀룰로오스는 세포벽의 주요 구성성분
으로 질기면서도 부드러운 성질을 가지며 펙틴은 비결정체 물질로 세포와 세포 사이를
채우면서 세포벽의 셀룰로오스 섬유 사이를 연결해 준다. 과일에는 일반적으로 지질은
적게 함유되어 있으나 예외적으로 아보카도나 코코넛은 지질 함량이 높다.

과일 맛을 내는 주요 성분은 당과 유기산이다. 과일의 단맛은 주로 당에 의한 것인
데 대부분의 과일에는 포도당과 과당이 많으나 바나나, 복숭아, 감귤류에는 설탕[자당]이

많다. 과일의 신맛은 주로 유기산에 의한 것이다. 사과에 주로 들어 있는 유기산은 사과산malic acid이며, 감귤류에는 구연산citric acid, 포도에는 주석산tartaric acid이 함유되어 있다. 이들 유기산 때문에 대부분 과일의 pH는 2.0~4.0 정도이다. 그러나 수박은 pH 6.0, 바나나는 pH 4.6 정도도 높은 편이다. 과일의 맛은 당과 유기산의 비율에 따라 달라진다.

또한 과일의 세포 속에는 여러 종류의 효소가 들어 있다. 사과에는 갈변에 관련된 효소인 폴리페놀옥시다아제polyphenoloxidase가 들어 있다. 일부 과일에는 단백질 분해효소가 들어 있는데 파인애플에는 브로멜라인bromelaine, 파파야에는 파파인papain, 무화과에는 피신ficin, 키위에는 액티니딘actinidin이 들어 있다.

2. 과일의 갈변현상

1) 효소적 갈변현상의 원인

사과, 복숭아, 바나나 등의 과일은 껍질을 벗기거나 상처를 입었을 때 노출된 단면이 갈색으로 변한다. 이와 같은 갈변현상은 과일의 세포 속에 들어 있던 폴리페놀옥시다아제나 티로시나아제tyrosinase, monophenoloxidase가 유출되어 과일에 함유되어 있던 기질인 폴리페놀 화합물이나 페놀화합물티로신이 산화되어 갈색의 멜라닌을 생성하기 때문이다. 효소적 갈변반응에 기질로 작용하는 폴리페놀 화합물이나 페놀화합물은 주로 탄닌류의 물질로 약간의 쓴맛을 나타내거나 입안에서 수렴성을 나타내며 카테킨, 티로신, 카페산, 클로로겐산 등이 있다. 갈변반응은 과일에서는 일반적으로 바람직하지 않으나 우롱차나 홍차는 갈변반응을 이용하여 만든다.

2) 효소적 갈변 방지법

효소적 갈변반응은 식품의 가공 저장 중 식품의 품질을 저하시키는 요인이므로 효소적 갈변 방지법(**표 13-1**)은 중요하다.

(1) 가열 처리

효소는 단백질이기 때문에 가열에 의해 변성되어 활성을 잃어버리게 된다. 따라서 통조림이나 잼 등의 제조 시 효소를 빠르게 불활성화시키기 위해 가열 처리한다.

(2) 효소의 최적조건 변화

사과에서 추출한 폴리페놀옥시다아제의 최적 pH는 5.8~6.8이고 pH 3.0 이상에서는 활성이 없어진다. 따라서 과일을 레몬즙, 오렌지즙, 식초 등의 산성 용액에 담가 갈변을 억제한다. 또한 냉각, 냉동도 효소작용을 억제한다.

폴리페놀옥시다아제는 구리를 가진 금속효소이므로 구리 이온에 의해 활성화된다. 따라서 구리용기에 사과를 넣으면 갈변이 촉진된다. 폴리페놀옥시다아제는 염소이온에 의해 활성이 저해되므로 묽은 소금물에 담가 두면 갈변이 억제된다.

(3) 효소 및 기질 제거

효소와 갈변 기질이 수용성이면 물에 담가 침출시키면 갈변반응을 억제할 수 있다.

(4) 산소 제거

효소적 갈변반응은 산소가 있어야지만 반응이 일어나므로 산소와의 접촉을 막는 것도 갈변 방지에 효과적이다. 따라서 껍질을 벗기거나 절단한 과일을 물에 담그거나 진공 포장하면 갈변 억제에 효과적이다.

(5) 환원성 물질 첨가

강한 환원력을 가진 아스코르빈산은 갈변 방지에 효과가 있다. 따라서 아스코르빈산

표 13-1 효소적 갈변 방지법

종류	방법	예
가열 처리	효소는 단백질로 구성되어 있으므로 폴리페놀옥시다제, 티로시나제 등을 가열하여 불활성화시킨다.	채소나 과일 통·병조림 제조 시 데치거나 끓이기를 한다.
pH 조절	식품의 pH를 산성으로 변화시켜 폴리페놀옥시다제(최적 pH 5.8~6.8)의 활성을 억제한다.	과일을 벗긴 후 구연산 등의 산 용액에 담근다.
온도 조절	식품의 온도를 효소작용이 억제되는 −10℃ 이하로 유지한다.	동결 저장한다.
효소촉진제 제거	폴리페놀옥시다제와 티로시나제는 구리를 가진 금속효소로 철, 구리에 의해 효소의 활성이 촉진된다.	철제 금속 용기를 사용하지 말고, 대나무나 스테인리스 그릇을 사용한다.
효소저해제 제거	아황산가스, 아황산염, 염소(Cl^-) 등은 폴리페놀옥시다제와 티로시나제에 대해 강한 저해작용을 가진다.	감자, 사과, 복숭아 등의 가공 시 갈변 방지를 위해 아황산(SO_2), 아황산염, 소금 등을 사용한다.
효소 및 기질 제거	갈변 기질과 효소가 수용성인 경우 물에 담가 침출시키면 폴리페놀 화합물에 의한 갈변을 막을 수 있으며 산소의 접촉도 막을 수 있다.	감자, 고구마, 밤은 껍질을 벗긴 후 물에 담근다.
산소 제거	산소가 존재하면 효소적 갈변이나 비효소적 갈변이 촉진되므로 산소를 제거하여 산소의 접촉을 억제한다.	껍질 깐 밤을 진공포장하여 산소를 제거한다. 과일을 물, 소금물, 설탕물에 담가 산소를 차단한다.
환원성 물질 첨가	갈색화 반응은 산화 반응이므로 환원성 물질을 가하면 갈변을 억제할 수 있다.	아스코르빈산을 첨가하거나 −SH 화합물 (시스테인, 글루타티온)을 첨가한다.

이 많은 감귤류로 만든 주스를 과일에 뿌리면 갈변이 억제된다.

3. 펙틴 겔 형성

대부분의 과일은 펙틴^{pectin}을 가지고 있어 당과 산이 적당량 존재하면 잼이나 젤리, 마멀레이드 등과 같은 펙틴 겔^{gel}을 만들 수 있다. 겔이 가장 잘 일어나는 조건은 펙틴 1.0%, 산 0.3%^{pH 3.0~3.3}, 당 65%이다.

한눈에 보이는 실험조리

1) 펙틴

과일의 껍질과 조직에 주로 함유된 펙틴은 세포벽 사이에 존재하며 세포를 결착시키는 접착제의 역할을 한다. 펙틴은 갈락투론산$^{galacturonic\ acid}$이 연결된 중합체로 분자 내에 음전하$^{COO^-}$를 많이 가지고 있기 때문에(그림 13-1) 물에서는 교질상의 졸^{sol}을 형성하고 있다.

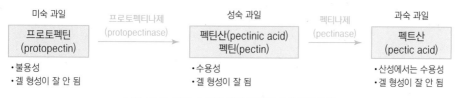

COOCH₃ · · · COO⁻ · · · COOCH₃ · · · COOCH₃ · · · COO⁻

그림 **13-1** 펙틴의 구조

겔 형성은 미숙과일이나 과숙과일에서는 잘 안 되고 적당히 성숙된 과일에서 잘 된다. 과일 숙성에 따른 펙틱질의 화학적 변화는 그림 13-2와 같다.

과일에 들어 있는 펙틴을 추출하려면 과일을 최소한의 물과 함께 끓여야 하며 다량의 물을 사용하면 펙틴이 희석되어 겔이 잘 형성되지 않는다.

미숙 과일		성숙 과일		과숙 과일
프로토펙틴 (protopectin)	프로토펙티나제 (protopectinase) →	펙틴산(pectinic acid) 펙틴(pectin)	펙티나제 (pectinase) →	펙트산 (pectic acid)
• 불용성 • 겔 형성이 잘 안 됨		• 수용성 • 겔 형성이 잘 됨		• 산성에서는 수용성 • 겔 형성이 잘 안 됨

그림 **13-2** 과일 숙성에 따른 펙틴질의 화학적 변화

펙틴 함량 측정법

- 알코올 침전법 : 펙틴질에 알코올과 같은 탈수제를 넣으면 응석이 일어나 과실에서 추출한 과즙 중의 펙틴량을 추정할 수 있다. 진하고 젤리 같은 침전물이 생기면 펙틴의 양이 많은 것이고, 가늘고 약한 침전물이 생기면 펙틴의 양이 적은 것으로 판정할 수 있다.
- 점도 측정법 : 점도계를 이용하여 측정한 점도가 높은 것이 펙틴 함량이 많은 것이다.

2) 당

주로 설탕을 첨가하는데 설탕은 겔 형성 시 탈수제 역할을 한다. 펙틴분자는 교질상의 졸 상태^{교질용액}로 되어 있는데 여기에 설탕을 첨가하면 교질용액 내의 물 분자나 펙틴 표면에 수화되어 있는 물 분자들이 설탕의 수화에 이용되어 제거되므로 분자 간의 간격이 줄어들어 펙틴 분자 간의 접촉이 쉽게 된다. 설탕은 처음부터 설탕을 넣어 가열하는 것이 좋은데 설탕을 나중에 넣고 가열하면 강도가 약해지기 때문이다.

3) 산

당 첨가 후 산이 존재하면 산에서 형성된 수소이온^{H+}에 의해 펙틴분자들이 가진 음전하가 중화되어 펙틴분자의 안정성이 감소되므로 펙틴분자끼리의 결합과 침전이 용이해지고 펙틴분자 간에 다리를 놓아 펙틴이 망상구조를 형성하게 한다(그림 13-3).

그림 **13-3** 겔 형성 단계

젤리점 판정법

젤리나 잼을 조리할 때 펙틴겔이 적절히 형성되어 졸이는 것을 끝마치는 점을 젤리점이라 하고 젤리점을 판정하는 방법에는 스푼법, 컵법, 온도계법, 당도계법 등이 있다.

- 스푼법 : 과즙액을 스푼으로 떠서 흘러내리는 모양을 관찰하여 묽은 시럽 모양으로 떨어지면 부적당하고, 일부는 떨어지고 일부는 붙어 오르면 적당하다.
- 컵법 : 끓는 과즙을 한 스푼 떠서 충분히 냉각시킨 다음 냉수를 담은 컵 속에 떨어뜨려 당액이 뭉쳐지는 모양을 관찰한다. 도중에 풀어지면 부적당하다.
- 온도계법 : 끓고 있는 과즙에 온도계를 넣어서 103~104℃가 될 때까지 농축시킨다.
- 당도계법 : 당도계로 당도를 측정하여 65%가 될 때까지 농축시킨다.

젤리의 종류

종류	특징
젤리(jelly)	• 과즙으로 만든 투명한 펙틴 겔 • 그릇에서 꺼내어도 형태가 유지될 수 있을 정도로 조직이 단단함
잼(jam)	• 과일을 으깨거나 갈아서 만듦 • 젤리보다 조직이 덜 단단함
프리저브(preserve)	• 잼을 의미하는 경우가 많음 • 으깨지 않은 과일이 들어 있는 펙틴 겔 식품
컨저브(conserve)	• 감귤류 과일과 여러 가지 과일을 혼합하여 만든 잼 • 건포도와 견과류를 섞는 경우가 많음
마멀레이드(mamalade)	• 감귤이나 오렌지의 겉껍질을 잘게 썬 조각이 들어 있는 젤리

과일의 당도와 산도 측정

실험재료	딸기	50g		배	1/8개
	사과	50g		포도	50g
	토마토	50g		레몬	1/2개
	귤	1/2개		키위	1/2개
기구 및 기기	pH 미터(또는 pH 시험지)			굴절당도계(0~32%)	
	주서기(또는 강판)			면포(또는 여과지)	

1. 실험목적

과일 맛은 당과 유기산의 비율에 따라 달라지므로 과일의 산도와 당도를 측정한다.

2. 실험방법

① 각 시료를 주서기 또는 강판으로 간 후 면포로 여과하여 과즙을 만든다.
② 과즙의 당도는 굴절당도계를 이용하여 측정한다.
③ 과즙의 산도는 pH 미터 또는 pH 시험지로 측정한다.

3. 실험결과

시료	당도	pH
딸기즙		
사과즙		
토마토즙		
귤즙		
배즙		
포도즙		
레몬즙		
키위즙		

4. 결론 및 고찰

- 과일 종류에 따른 당도와 산도를 알아본다.
- 과일에 들어 있는 당의 종류에 대해 알아본다.
- 과일 종류에 따른 유기산의 종류를 알아본다.

 참고문헌

한눈에 보이는 실험조리

실험 2

첨가물에 의한 사과의 갈변 억제

실험재료	사과	1개(1/4쪽 × 4)	레몬즙	1Ts
	10% 소금물	1Ts	물	1Ts
기구 및 기기	작은 접시 4개		강판	
	타이머			

1. 실험목적

사과의 갈변원리를 이해하고 그 반응을 억제할 수 있는 방법을 습득하여 효소에 의한 갈변현상과
방지법을 이해한다.

2. 실험방법

① 사과를 씻어 껍질째 4등분한다.
② 강판을 이용해 사과를 갈아 작은 그릇에 넣는다.
③ A의 시료에는 아무것도 넣지 않고 나머지 시료에 물, 레몬즙, 10% 소금물 1Ts씩을 첨가한다.

  A : 갈은 사과
  B : 갈은 사과 + 물 1Ts
  C : 갈은 사과 + 레몬즙 1Ts
  D : 갈은 사과 + 10% 소금물 1Ts

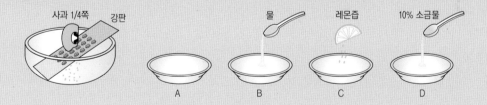

④ 10분, 30분 후에 색의 변화를 묘사법으로 평가한다.

3. 실험결과

🧪 색의 변화

처리방법	10분 후 색의 변화[1]	30분 후 색의 변화[2]
A		
B 물		
C 레몬즙		
D 10% 소금물		

1), 2) 묘사법

4. 결론 및 고찰

- 갈변현상의 원인을 알아본다.
- 효소적 갈변 방지법을 알아본다.

📖 참고문헌

펙틴의 양이 다른 과일 겔(잼)의 비교

실험재료				
딸기(꼭지 제거)	400g		펙틴	4g
배 간 것(껍질 제거)	800g(400g × 2)		식빵	3장
설탕	600g(200g × 3)			
기구 및 기기				
냄비 3개			스푼 3개	
나무주걱 3개			컵 3개	
전자저울				

1. 실험목적

펙틴 겔(잼)의 제조원리를 알고 조리조건을 달리하여 제조한 펙틴 겔(잼)의 상태를 비교한다.

2. 실험방법

① 작은 냄비에 아래의 재료를 넣고 섞은 후 뭉근하게 20분간 끓인다.

A : 딸기 400g+설탕 200g

B : 배 간 것 400g+설탕 200g

C : 배 간 것 400g+설탕 200g+팩틴 4g

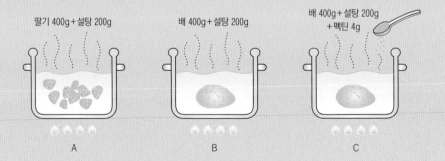

딸기 400g+설탕 200g   배 400g+설탕 200g   배 400g+설탕 200g +펙틴 4g

A   B   C

② 끓인 과즙액을 스푼으로 떠서 흘러내리는 모양을 관찰하여 묽은 시럽 모양으로 떨어지면 더 가열해야 하고, 끓인 과즙액의 일부가 떨어지고 일부는 붙어 있으면 잼이 완성된 것이다(스푼법).

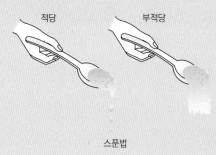

스푼법

③ 또는 끓인 과즙액을 한 스푼 떠서 냉각시킨 다음 냉수를 담은 컵 속에 떨어뜨렸을 때 당액이 도중에 풀어지면 더 가열해야 하고 뭉쳐지면 잼이 완성된 것이다(컵법).

컵법

④ 완성된 잼을 식힌 후 잼의 중량을 측정한다.

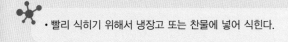

• 빨리 식히기 위해서 냉장고 또는 찬물에 넣어 식힌다.

⑤ 잼을 식빵에 바르면서 또는 시식을 하면서 광택, 퍼짐성, 기호도를 순위법으로 측정한다.

3. 실험결과

시료	잼의 중량(g)	광택[1]	퍼짐성[2]	기호도[3]
A 딸기				
B 배				
C 배＋팩틴				

1) 순위법(광택이 많은 것부터)
2) 순위법(퍼짐성이 좋은 것부터)
3) 순위법(기호도가 좋은 것부터)

4. 결론 및 고찰

- 펙틴 겔 형성의 최적 조건을 알아본다.
- 펙틴 겔 형성 원리를 알아본다.
- 젤리점(jelly point)의 판정방법을 알아본다.

📖 참고문헌

한천과 젤라틴

14 —
한천과
젤라틴

1. 한천과 젤라틴의 겔화

한천은 식물성 식품재료로 우뭇가사리 같은 홍조류에서 만들어진다(그림 14-1). 한천
은 아가로오스_{agarose}와 아가로펙틴_{agaropectin}으로 구성되어 있으며 적은 양으로도 보수력
이 큰 겔을 형성할 수 있고 저열량 식품으로 장의 연동작용을 도와 정장작용을 한다.
　젤라틴은 동물의 가죽과 뼈 등의 경조직인 콜라겐에 물을 넣고 가열하면 형성되는
물질로 굳으면 반고체의 겔을 형성한다(그림 14-2).

그림 **14-1** 한천

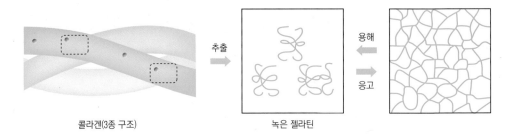

콜라겐(3종 구조)　　　　　　　녹은 젤라틴

그림 14-2 콜라겐의 겔형성
자료 : 송태희 외, 2020, 이해하기 쉬운 조리과학, 교문사, p. 390

1) 겔 형성 농도

한천은 0.2~1.5% 이상에서 겔을 형성하며, 젤라틴은 한천보다 농도가 높은 1.5~2% 이상에서 겔을 형성한다.

2) 겔 강도

한천은 1~4% 정도까지 농도가 높을수록 겔의 강도가 증가하며, 젤라틴은 농도가 높을수록 빨리 응고되나 너무 많으면 조직감이 나빠진다.

3) 겔의 특성

한천은 18~35℃에서 겔 상태로 되며 용해 온도도 68℃ 이상으로 높아 여름철에도 실온에서 녹지 않으므로 젤라틴보다 취급하기 쉬운 장점이 있다. 한천 겔은 젤라틴에 비해 단단하고 덜 투명하며 부스러지기 쉽고 탄력성은 적으나 용기에서 쉽게 떨어진다.

특성		젤라틴	한천
성분		동물성 단백질	식물성 다당류
원료		동물의 뼈나 가죽 등의 콜라겐	홍조류인 우뭇가사리
전처리 및 용해방법		물에 담가 불린 후 가열하여 끓임	물을 흡수시킨 후 뜨거운 물을 넣음
용해온도(℃)		40~50	90~100
융해온도(℃)		25	68~84
겔화 조건	농도(%)	1.5~4	0.2~1.5
	온도	10℃ 이하 냉장	28~35℃
	pH	산에 약간 약하다.	산에 약하다.
	기타	단백질 분해 효소에 의해 분해된다.	–
겔 특성	촉감	연하고 독특한 점성이 있으며, 입안에서 녹는다.	투명감이 낮고 점성이 없으며 부서지기 쉽다.
	보수성	높다.	이수(離水)하기 쉽다.
	열안정성	여름철에는 떨어진다.	–
	소화 · 흡수	소화 · 흡수된다.	소화 · 흡수되지 않는다.
사용 예		족편, 과일젤리, 무스, 아이스크림, 마시멜로, 전약	양갱, 과일젤리, 케이크 장식 고정용, 알약의 코팅, 아이스크림, 셔벗, 미생물용 배지

자료 : 송태희 외, 2020, 이해하기 쉬운 조리과학, 교문사, p. 395

젤라틴은 35~50℃의 물에 분산시킨 후 냉장고나 얼음물을 이용하여 10℃ 이하로 냉각해야 응고된다. 젤라틴 겔은 입 안에서 잘 녹고 촉감이 부드러우며 투명도가 높고 이수 현상hysterisis이 잘 일어나지 않는다.

2. 겔 형성에 미치는 첨가물의 영향

한천과 젤라틴은 사용되는 첨가물에 따라 겔 형성에 영향을 받는다.

1) 산

한천은 식초나 과즙 등의 산을 넣고 가열하면 겔 형성 능력이 저하되므로 산은 한천을 충분히 녹인 후 60℃ 정도에서 넣어야 한다.

젤라틴은 pH 4.7 근처에서 가장 강도가 강하고 pH 4 이하의 산에서는 겔 강도가 약해지므로 산을 첨가할 때는 젤라틴액을 냉각한 후에 넣어야 한다.

> **한천에 과즙을 섞을 때 반드시 불에서 내려 섞는 까닭은?**
> 한천은 갈락토오스로 구성된 분자량이 큰 다당류로 산성 상태에서 오래 가열하면 사수분해가 일어나 그 결합이 끊어져 겔 형성력이 현저히 저하된다. 따라서 한천을 충분히 졸인 후 불에서 내려 온도를 60℃까지 식힌 후에 과즙을 넣으면 겔이 잘 굳는다.

2) 설탕

한천은 설탕을 0~60%까지 첨가하면 겔화 온도와 강도가 높아지고 점성과 탄성이 증가하며 투명도도 증가하고 이수현상이 줄어든다.

젤라틴은 설탕의 농도가 0~50%까지는 농도가 증가하면 겔 강도가 약해진다.

3) 소금

한천에 3~5%의 소금을 첨가하면 겔 강도는 높아지지만 부착성은 저하된다. 젤라틴에 소금을 첨가하면 단단한 겔이 형성된다.

4) 기타

한천에 난백 거품을 넣을 경우 분리될 우려가 있으므로 설탕을 첨가해 분리를 방지해야 한다. 젤라틴은 단백질 분해효소에 의해 분자량이 적어져 겔이 형성되지 않는다.

젤라틴 젤리에 파인애플을 생으로 넣으면 잘 굳지 않는 것은 왜일까?

젤라틴은 한천과 달리 동물의 가죽, 힘줄, 뼈 등에 함유된 콜라겐이라고 하는 단백질을 물속에서 가열하여 얻어진 것으로서, 국내에서는 돼지가죽을 원료로 해서 만든다. 생파인애플에는 브로멜린이라는 단백질 분해효소가 함유되어 있다. 이 때문에 파인애플 생것을 젤라틴 젤리에 넣으면 젤라틴이 브로멜린으로 인해 가수분해되어 펩티드나 아미노산과 같은 분자량이 작아져 점성을 상실하여 겔을 형성하지 않는다. 따라서 파인애플 젤라틴 젤리를 만들 때에는 통조림 파인애플을 사용한다. 생파인애플을 사용할 경우에는 한 번 가열하여 단백질 분해효소의 활성을 없앤 후에 사용해야 한다.

실험 1

한천 농도에 따른 양갱 제조

실험재료	가루한천	19g(1g, 3g, 6g, 9g)	제빵용 고운 팥앙금	800g(200g × 4)
	물	800g(200g × 4)	설탕	400g(100g × 4)
	소금 약간			

기구 및 기기	냄비 4개	전자저울
	나무주걱 4개	칼
	사각 용기 4개	도마

1. 실험목적

한천 농도에 따라 양갱을 제조해 보고 한천을 이용한 식품의 제조원리를 알아본다.

2. 실험방법

① 각각의 냄비에 가루한천 1g, 3g, 6g, 9g을 각각 계량한 후 물 200g을 넣고 불린 후 끓인다.

② 여기에 각각 설탕 100g과 고운 팥앙금 200g, 소금을 조금 넣고 나무주걱으로 바닥이 눋지 않게 저으면서 팥앙금 덩어리가 모두 풀리고 끓기 시작하면 중불에서 5분 정도 끓인다. 이때 끓이는 화력과 시간을 4가지 시료에 동일하게 적용한다.

A : 한천 1g + 물 200g + 설탕 100g + 팥앙금 200g

B : 한천 3g + 물 200g + 설탕 100g + 팥앙금 200g

C : 한천 6g + 물 200g + 설탕 100g + 팥앙금 200g

D : 한천 9g + 물 200g + 설탕 100g + 팥앙금 200g

③ 사각 용기 안쪽에 물을 묻혀 놓는다.

④ ②의 끓인 양갱을 사각 용기에 부은 후 냉장고에서 1시간 정도 보관해 굳힌다. 이때 4가지 시료의 굳히는 시간과 온도를 같게 한다.

⑤ 완전히 굳으면 사각 용기에서 양갱을 분리해 자른 후 외관, 맛, 경도는 묘사법으로, 전체적인 기호도는 순위법으로 평가한다.

• 실온보관해도 굳지만 제한된 실험 시간 안에 관찰하기 위해 냉장고에서 굳힌다.

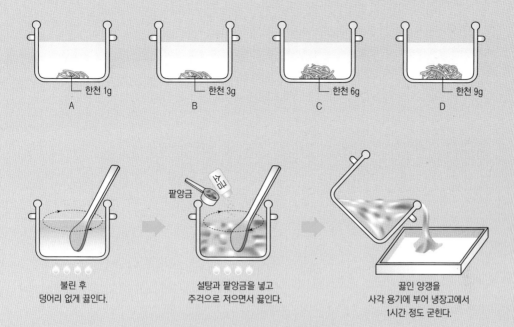

한천 1g   한천 3g   한천 6g   한천 9g

A   B   C   D

불린 후
덩어리 없게 끓인다.

설탕과 팥앙금을 넣고
주걱으로 저으면서 끓인다.

끓인 양갱을
사각 용기에 부어 냉장고에서
1시간 정도 굳힌다.

- 한천을 물에 불린 후 체에 거르고, 끓인 후 한 번 더 걸러야 한천 덩어리가 없게 된다.
- 팥앙금 대신 과즙을 넣어 과즙 젤리를 만들 수도 있다.
- 설탕의 양은 팥앙금의 가당 여부에 따라 가감한다.

3. 실험결과

시료	외관[1]	맛[2]	경도[3]	전체적인 기호도[4]
A 한천 1g				
B 한천 3g				
C 한천 6g				
D 한천 9g				

1)~3) 묘사법
4) 순위법(좋은 것부터)

4. 결론 및 고찰

- 한천의 응고에 영향을 주는 요인에 대하여 알아본다.
- 한천을 이용한 식품을 알아본다.

 참고문헌

젤라틴 젤리에 대한 단백질 분해효소의 영향

실험재료				
	생파인애플	1/2개	물	60g(30g × 2)
	통조림 파인애플	100g	끓는 물	140g(70g × 2)
	젤라틴*	3ts(1½ts × 2)	설탕	100g(50g × 2)
	* 판젤라틴의 경우 2장(2g짜리)			

기구 및 기기		
	유리 용기(젤리틀) 2개	전자저울
	그릇 2개	계량스푼
	주서기	

1. 실험목적

젤라틴 젤리를 제조할 때 단백질 분해효소가 젤리의 형성에 미치는 영향을 알아본다.

2. 실험방법

① 생파인애플과 통조림 파인애플을 주서기로 갈아 각각 50g의 파인애플즙을 만든다.

② 그릇에 젤라틴 1½ts과 물 30g을 넣어 5분간 불린 후 70g의 끓는 물을 붓고 설탕을 넣어 젤라틴을 녹인다.

③ 젤라틴이 녹으면 하나는 생파인애플즙 50g을 넣고, 다른 하나는 통조림 파인애플즙 50g을 넣는다.

    A : 젤라틴 1½ts + 물 30g → 끓는 물 70g + 설탕 50g → 생파인애플즙 50g
    B : 젤라틴 1½ts + 물 30g → 끓는 물 70g + 설탕 50g → 통조림 파인애플즙 50g

- 주서기가 없을 경우 갈아서 면포에 걸러 주스를 만든다.
- 판젤라틴을 사용할 경우 가루 젤라틴 대신 2g짜리 판젤라틴 2장을 사용한다.
- 판젤라틴으로 젤리를 만들 경우 끓는 물을 부어 젤라틴을 녹이고 절대 끓이지 않는다.
- 상업용 젤라틴을 구입할 때에는 생파인애플즙과 통조림 파인애플즙을 제외하고는 제품의 레시피에 따라 제조한다.

생파애플즙 50g

설탕   끓는 물

불린 젤라틴에 끓는 물을 붓고
설탕을 넣어 젓는다.

통조림
파인애플즙 50g

젤리액을 부어
냉장고에서 굳힌다.

④ 젤리틀을 물에 적신 후 젤리액을 부어 식힌 후 냉장고에 넣어 굳힌다.

⑤ 응고현상 및 맛과 질감은 묘사법으로 기록하고 전체적인 기호도는 순위법으로 평가한다.

3. 실험결과

시료	응고현상[1]	맛[2]	질감[3]	전체적인 기호도[4]
A 생파인애플즙				
B 통조림 파인애플즙				

1)~3) 묘사법
4) 순위법(좋은 것부터)

4. 결론 및 고찰

 젤라틴의 성질을 알아본다.

 참고문헌

참고문헌

국내서적

강일준, 강명화, 김미숙, 박성수, 변의홍, 유상호, 육홍선, 이경행, 이미경, 이영택, 이옥환, 이준(2015), 식품화학 길라잡이, 라이프사이언스

구난숙, 김향숙, 이경애, 김미정(2014), 식품관능검사 이론과 실험, 교문사

김나영, 윤덕인, 이준열(2014), 식품학, 지식인

김미리, 이미숙, 이영은, 권순자, 문보경, 이정희(2019), 핵심원리 이해를 위한 실험조리, 파워북

김완수, 신말식, 정해정, 이경애, 김미정(2006), 조리과학 및 실험, 라이프사이언스

김향숙, 오명숙, 황인경(2014), 조리과학, 수학사

김혜영, 고봉경(2012), 식품조리과학, 효일

남상명, 김덕희, 김성옥, 오명석, 윤인자(2015), 쉽게 풀어 쓴 조리원리, 지식인

배영희, 김현정(2017), 조리 응용을 위한 실험조리 워크북, 파워북

변진원, 현영희, 송주은, 김경민(2013), 메뉴개발을 위한 실험조리, 지구문화사

송태희, 우인애, 손정우, 오세인, 신승미(2020), 이해하기 쉬운 조리과학, 교문사

신말식, 이경애, 김미정, 김재숙, 황자영(2021), 이해하기 쉬운 조리과학, 파워북

신민자, 정재홍, 김정숙, 강명수, 정두례(2014), 식품조리원리, 광문각

안정선, 김은미, 이은정(2016), 새로운 감각으로 새로 쓴 조리원리, 백산출판사

윤계순, 이명희, 류은순, 민성희, 신원선, 정혜정, 김지향, 박옥진(2014), 식품학 및 조리원리, 수학사

윤계순, 이명희, 박희옥, 민성희, 김유경, 최미경(2014), 식품학개론, 수학사

이경애, 문보경, 황자영, 이인선(2019), 이해하기 쉬운 조리원리, 파워북

이주희, 김미리, 민혜선, 이영은, 송은승, 권순자, 김미정, 송효남(2019), 과학으로 풀어 쓴 식품과 조리원리, 교문사

정은자, 김만수, 강창수(2015), 식품화학, 진로

정은자, 조경련, 김동희(2017), 조리원리, 진로

조경련, 김미리, 김옥선, 손정우, 송미란(2015), 이해하기 쉬운 식품재료학, 파워북

주나미, 박상현, 정은경, 김보람, 이희정(2015), 이해하기 쉬운 조리원리 및 실험, 파워북

홍기운, 김이수(2014), 최신식품조리과학, 대왕사

홍진숙, 박혜원, 박라숙, 명춘옥, 신미혜(2019), 식품재료학(3판), 교문사

황인경, 김미라, 송효남, 문보경, 이선미(2019), 식품품질관리 및 관능평가, 교문사

국외서적

Margaret Mc Milliams, 1989, Food: Experimental Perspectives, MacMillian Publishing Co.

Morten C.Meilgaard,Gail Vance Civille,B.Thomas Carr, 2007, Sensory evaluation techniques 4th edi. CRC Press, p.433

Pomeranz, Yeshajahu, 1991, Functional Properties of Food Components, Academic Press, Inc.

웹사이트

대한제당협회, 설탕특성, http://www.sugar.or.kr, 2016. 2. 1

식품 및 식품첨가물공전, http://foodsafetykorea.go.kr/foodcode/01_03.jsp?idx=3

식품의약품안전처, 식품기준규격 정보마당, http://fse.foodnara.go.kr/residue/RS/jsp/menu_02_01_03. jsp?idx=31, 2016. 2. 14

축산물품질평가원, https://www.ekape.or.kr

축산물품질평가원 축산유통정보, http://www.ekapepia.com

기타

농림축산식품부고시 제2018-109호(2018. 12. 27), 축산물 등급판정 세부기준

농촌진흥청(2020.4), 국가표준식품성분 DB 9.2

찾아보기

저자 소개

오세인
서일대학교 식품영양학과 교수

우인애
전) 수원여자대학교 외식산업과 교수

이병순
안산대학교 식품영양학과 교수

김동희
유한대학교 호텔외식조리학과 교수

손정우
배화여자대학교 조리학과 교수

송태희
배화여자대학교 식품영양학과 교수

백재은
부천대학교 식품영양학과 교수

4판

한눈에 보이는
실험조리

2021년 8월 17일 4판 발행
2023년 2월 24일 4판 2쇄 발행
등록번호 1968.10.28. 제406-2006-000035호
ISBN 978-89-363-2197-0(93590)
값 22,000원

지은이 오세인·우인애·이병순·김동희·손정우·송태희·백재은
펴낸이 류원식
편집팀장 김경수
책임진행 성혜진
디자인 신나리
본문편집 디자인이투이

펴낸곳
교문사
10881, 경기도 파주시 문발로 116
문의
Tel. 031-955-6111
Fax. 031-955-0955
www.gyomoon.com
e-mail. genie@gyomoon.com